JN120324

自動車貿易の経済分析

Economic Analyses on Japanese Automobile Trade

渥美 利弘 著

Toshihiro Atsumi

文眞堂

まえがき

　本書は日本の自動車貿易の諸側面について，経済学的な視点からの分析を試みたものである。

　自動車産業は各方面から常に注目を集める。一台の自動車には数万点の部品が必要なため，産業の裾野が広く，関連サービスまで含めると労働力人口の1割近くが携わっているともいわれる。また自動車はモビリティの重要手段であり，生活者の関心が高い。重要基幹産業であるとして政策面からの関心も高い。

　それゆえ自動車関連の書物は数多い。その多くは産業論・産業史あるいはビジネス動向，技術，そして商品・ユーザーの視点に立ったものである。

　貿易面でも自動車は今日なお日本の主要輸出品目である。二輪車や部品も含めれば，日本の物品輸出額の2割程度を占める。世界的にみても，EUには及ばないが，第2位の自動車輸出国としての地位を維持している。しかし自動車産業の「貿易」が経済学的な観点から深耕されることはこれまであまりなかったのではないだろうか。

　1980年代の貿易摩擦や自動車輸出自主規制（VER）は学術研究の関心も集めたが，その他にも自動車貿易には国際貿易の理論的・実証的分析の課題が豊富にある。本書ではVER問題に新しい分析視座を加えるとともに，幼稚産業保護，自動車特有の中古車貿易やノックダウン輸出という特殊な貿易形態，輸入在庫や日本独自の軽自動車規格の通商問題などについて考えていく。

　本書で試みる経済分析とは，経済モデルを使って現象を説明・予測したり，仮説を立て，計量経済学的な方法でそれを検証したりすることである。特に経済モデルは，直観・経験・トレンド・足元の状況その他の先入観にとらわれずに，見えにくいものを見せてくれるレンズであり，新たな視座を提供し得る利点もある。

　国際貿易理論のモデルは約200年前のリカードによる比較優位の発見から，独占的競争など完全競争パラダイムを離れた市場構造を導入して製品差別化分

業を説明する新貿易理論（new trade theory），そこから派生した，生産要素の国際移動を加えて産業集積を説明する新経済地理（new economic geography）へと発展してきた。近年は企業の異質性を考慮した新・新貿易理論（new-new trade theory）も出てきた。

本書でも比較優位論から自動車貿易の現状分析を行う。しかし自動車産業は規模の経済性が働き，各企業が製品差別化競争を行う産業でもある。そこで貿易理論の発展に倣い，独占的競争アプローチでの分析を随所に取り入れた。

本書の構成は次の通りである。第1章「貿易統計からみた日本の自動車産業」は，導入章として位置付けており，主要データで現状を概観しながら本書における分析テーマを提示していく。これを受けて以降の章では各テーマの分析に入っていく。

第2章「日本の自動車貿易構造の現状分析」では比較優位を軸とする伝統的貿易理論の観点から完成車貿易と自動車部品貿易についての分析を行う。

第3章「戦後日本の自動車産業の発展と貿易」は自動車産業が保護貿易下で発展してきたことに着目している。この章の主眼は産業発展政策・保護貿易，幼稚産業保護論の評価である。

第4章「貿易摩擦・自動車輸出自主規制（VER）の顛末と経済的評価」は，当時日本にとって大変大きな政治経済的テーマとなった自動車VER実施の経緯とそれに対する経済学的評価を振り返るが，それに加えてnew economic geographyの産業集積という新たな視点からVERの意義を再検討する。

第5章「日本の中古車貿易」では，統計により日本の中古車輸出動向を見た上で，近年の中古車輸出先の決定要因を計量経済学的に検討する。

第6章では「自動車ノックダウン輸出の分析」を試みる。特にノックダウン輸出変動の背景を，輸出企業による海外ビジネス形態選択のモデルを構築・分析して経済理論的観点から分析する。

第7章「自動車の輸入在庫」ではインポーターの行動に着目し，輸入された自動車が販売されるまでの過程にある在庫の推計を試み，その意味するところを検討する。

第8章「軽自動車問題と展望」では，通商問題化すらしている日本の軽自動車を分析する。日本メーカーのみが日本市場向けのみに生産する，いわばガラ

パゴス化している軽自動車について，その状況をモデルで再現した上で，今後を展望する。

　第9章「日本の自動車産業におけるメーカー間の異質性と貿易」は企業の異質性（firm heterogeneity）の点から，生産性格差などさまざまな異質性を伴いながら発展してきた日本の自動車メーカーを見ていく。

　なお章ごとに内容は完結するようになっており，主要な分析結果は各章末に「まとめ」として箇条書きで整理した。

目　　次

貿易統計からみた日本の自動車産業

本章のねらい

　自動車貿易と聞くと，カバーがつけられ，工場から出荷されたばかりであろう自動車が次々と大型船に積み込まれていく，あのテレビでよく見るシーンを誰しも思い浮かべるのではないだろうか。しかし完成品の新車だけが貿易されるわけではない。中古車も貿易されるし，ノックダウンという形態もある。中古車に関しては，日本における自動車の普及，あるいは保有台数，すなわちストックの増加とともに輸出も増えている。（中古車輸出は第5章で扱う。）またノックダウンは，自動車を組み立て前の状態で輸出し，現地で組み立て・販売する形態である。わざわざ完成一歩手前の状態で，組み立てずに輸出するのはなぜだろうか。（ノックダウン輸出については第6章で詳しく検討する。）本章では自動車貿易の分析に有用な統計を説明し，統計に基づく現状を説明して，後に続く各章の分析課題を提示する。本章で用いる主要統計は財務省の貿易統計，日本自動車輸入組合の輸入車販売統計と日本自動車工業会の生産統計などである。（自動車部品については第2章で扱う。）

1.1　財務省貿易統計

1.1.1　統計の形式
　日本の物品貿易を網羅している統計は財務省が発行する『貿易統計』であ

る。貿易統計は月次で集計・発表されており，1988年1月分からは誰でもインターネットから入手できる。貿易統計の最大のポイントは品目がコード化されていることである。（注：商品の名称及び分類についての統一システム（Harmonized Commodity Description and Coding System）に関する国際条約（HS条約）に基づく。）コードは輸出が9桁，輸入が6桁の分類になっている。桁が多くなるほど分類が細かくなっていく。例えば大分類では自動車は第87類「鉄道用及び軌道用以外の車両並びにその部分品及び附属品」に入っているが，このままではとても大ざっぱな分類になる。もちろん，概要を把握するにはこの大分類の方が便利な場合もある。これが4桁になると87類は87.01「トラクター」，87.02「10人以上の人員の輸送用の自動車」，87.03「乗用自動車その他の自動車」，87.04「貨物自動車」及び87.05「特殊用途自動車」等々へ細分されていく。本書の主たる対象となる乗用車が入る87.03を6桁分類にした詳細を表1-1に示す。6桁分類ではエンジン形式，すなわちガソリンかディーゼルかで二分された上で各々排気量別に分類される。「ピストン式火花点火内燃機関」がガソリンエンジン（ただし往復動機関のみ），ピストン式圧縮点火内燃機関」がディーゼルエンジンで，ガソリンエンジン車のうち，排気量1リッター以下のものは8703.21，同1.0超1.5リッター以下は8703.22，同1.5超3リッター以下は8703.23，そして同3リッター超は8703.24に分類される。ディーゼルエンジン車は排気量区分が異なり，排気量1.5リッター以下のものは8703.31，同1.5リッター超2.5リッター以下は8703.32，そして同2.5リッター超は8703.33に分類される。輸入についての分類はここまでであるが，輸出についてはこれらがさらに9桁分類まで細分され，中古，ノックダウン及びその他（新車）に分類される。

　貿易統計の品目分類は産業・商品の変化に合わせて改訂されていく。自動車においては，近年の大きな技術的テーマの一つとして電動化がある。電動車にはハイブリッド車（内燃機関と電気モーターを組み合わせた車）やEV（内燃機関のない，完全な電気自動車）などいくつかのタイプがあるが，これらを貿易統計に反映すべく，2017年に改訂が行われたばかりである。表1-1に示すように，「電動車」の分類が登場し，現行の分類ではHV（ハイブリッド）とEV（電気自動車）をさらに細分化して，HVをガソリンとディーゼルエンジンに分け，さらにプラグインかどうかにも分けている。すなわち，電動車はガソリン

表 1-1　乗用車（HS 87.03）の品目分類

87.03	乗用自動車その他の自動車（ステーションワゴン及びレーシングカーを含み，主として人員の輸送用に設計したものに限るものとし，第87.02項のものを除く。）

8703.10	雪上走行用に特に設計した車両及びゴルフカーその他これに類する車両

その他の車両（ピストン式火花点火内燃機関（往復動機関に限る。）のみを搭載したものに限る。）

8703.21	シリンダー容積が 1,000 立方センチメートル以下のもの
8703.22	シリンダー容積が 1,000 立方センチメートルを超え 1,500 立方センチメートル以下のもの
8703.23	シリンダー容積が 1,500 立方センチメートルを超え 3,000 立方センチメートル以下のもの
8703.24	シリンダー容積が 3,000 立方センチメートルを超えるもの

その他の車両（ピストン式圧縮点火内燃機関（ディーゼルエンジン及びセミディーゼルエンジン）のみを搭載したものに限る。）

8703.31	シリンダー容積が 1,500 立方センチメートル以下のもの
8703.32	シリンダー容積が 1,500 立方センチメートルを超え 2,500 立方センチメートル以下のもの
8703.33	シリンダー容積が 2,500 立方センチメートルを超えるもの

電動車

8703.40	その他の車両（駆動原動機としてピストン式火花点火内燃機関（往復動機関に限る。）及び電動機を搭載したものに限るものとし，外部電源に接続することにより充電することができるものを除く。）
8703.50	その他の車両（駆動原動機としてピストン式圧縮点火内燃機関（ディーゼルエンジン及びセミディーゼルエンジン）及び電動機を搭載したものに限るものとし，外部電源に接続することにより充電することができるものを除く。）
8703.60	その他の車両（駆動原動機としてピストン式火花点火内燃機関（往復動機関に限る。）及び電動機を搭載したもので，外部電源に接続することにより充電することができるものに限る。）
8703.70	その他の車両（駆動原動機としてピストン式圧縮点火内燃機関（ディーゼルエンジン及びセミディーゼルエンジン）及び電動機を搭載したもので，外部電源に接続することにより充電することができるものに限る。）
8703.80	その他の車両（駆動原動機として電動機のみを搭載したものに限る。）

その他

8703.90	その他のもの

注：2018年4月1日時点。2017年より電動車の分類追加。8703.40はガソリン・ハイブリッド（HV），8703.50はディーゼルHV，8703.60はガソリン・プラグイン・ハイブリッド（PHV），8703.70はディーゼルPHV，8703.80は電気自動車（EV）にそれぞれ対応。
資料：財務省『貿易統計』より抜粋。

HV，ディーゼルHV，ガソリン・プラグインHV，ディーゼル・プラグイン・HV，そしてEVの5タイプに分けられている。

　貿易統計からは，各分類について，自動車輸出入の台数と金額の両方が得ら

れる。金額に関して，輸出は FOB（free on board，本船渡し）価格，輸入は CIF（cost, insurance, and freight，保険料・運賃込み）価格である。なお現在日本の自動車輸入に関税はない。（関税を含めた戦後日本の自動車貿易政策については第3章で詳述する。）

1.1.2 乗用車貿易の概況

表1-2は2018年の乗用車貿易データを整理したものである。同年の乗用車輸出台数は約540万台，金額では11兆円を超えた。（表1-2に示されているのは，表1-1のうち，8703.10の雪上車・ゴルフカート等を除いたものである。）一方，輸入は約35万8千台（約1兆3千億円）であった。主な輸出先は米国とヨーロッパ諸国，輸入元は主にドイツその他のヨーロッパ諸国である。米国は現在でも一国では最大の輸出先で，2018年の輸出台数は172万台，4.4兆円であった。台数ベースでこれは日本の乗用車輸出の3割を超え，金額では4割に達する。ヨーロッパではイギリス向けが13万6千台，ドイツ向けが12万7千台であった。貿易全体としては日本はアジア諸国との貿易が近年活発化しており，物品貿易の半分はアジアが占めている。（注：2018年の日本の物品輸出入総額の

表1-2　2018年の乗用車貿易

		輸出		輸入	
		台数	金額（千円）	台数	金額（千円）
ガソリン車					
8703.21	1リッター以下	137,593	75,311,582	32,033	56,118,493
8703.22	1リッター超1.5リッター以下	809,696	774,777,531	105,482	226,378,039
8703.23	1.5リッター超3リッター以下	2,930,789	5,452,337,735	117,655	495,767,555
8703.24	3リッター超	609,967	2,415,663,962	19,175	211,050,810
ディーゼル車					
8703.31	1.5リッター以下	3,734	5,679,602	3,485	8,410,729
8703.32	1.5リッター超2.5リッター以下	93,211	199,076,671	69,415	263,155,359
8703.33	2.5リッター超	134,944	444,576,525	5,347	40,569,831
電動車					
8703.40-80	HV, PHV, EV	672,783	1,570,003,812	5,591	43,524,185
その他					
8703.90	—	4,775	117,070,947	38	104,150
合計		5,397,492	11,054,498,367	358,221	1,345,079,151

資料：財務省『貿易統計』より筆者作成。

51.1%をアジアが占めた。）しかし自動車の場合はアジア諸国が主要貿易相手国
とはなっていない。これは一つには中国を含めアジア諸国では，各国の自動車
産業政策もあり，日本企業（あるいは地場企業との合弁）の現地生産・現地供
給がさかんであるためである。例えば2018年の中国への輸出台数は21万2千
台に過ぎない。（なお東南アジア諸国などではかつて日本から自動車1台分の
部品をセットで輸出して，現地で組み立てのみを行うというノックダウン方式
がさかんであった。第6章でノックダウン輸出について考察する。）

　表1-2からいくつかの特徴が読み取れる。第一は日本からの輸出のボリュー
ムゾーンは現在8703.23の1.5から3リッターのクラスであることである。（中
古車に限ると，より小型のものが主である。第5章で詳述する。）輸出の約半数
がこのカテゴリーに入る。今日の日本はミドルクラスの輸出を主としていると
言えよう。第二に輸出と輸入を量的に比較すると，輸出が輸入を圧倒的に上
回っている。第4章で論じるが，1970年代から日本は米国や欧州諸国との自動
車貿易摩擦を経験した。結果として日本は自動車輸出自主規制といった対応を
とることになった。また貿易摩擦は日本の自動車メーカーの海外生産を促すこ
とにもなった。それでも輸出が輸入を圧倒的に上回るという貿易構造は現在も
変わっていない。（輸出が輸入を圧倒的に上回っていることは，しばしば問題
視される。このことの含意などについては，第2章で検討する。）

　貿易統計の強みは（平均）単価の計算も可能であることである。貿易統計の
分類に従い，各カテゴリーの輸出入単価を，輸入単価÷輸出単価として比較し
たのが図1-1である。（輸出には多くの中古とノックダウンが含まれるので，輸
出単価についてはこれらを除いて計算をしている。）同図から第一に，全カテ
ゴリーにおいて輸入単価が輸出単価を上回っていることが分かる。第二に，排
気量別に並べると，U字型の関係がみられる。つまり小さい方のカテゴリーと
大きい方のカテゴリーで単価差が大きくなる傾向がある。輸出入単価差は，一
つには，前述のFOB価格とCIF価格の違いによるものと考えられる。貿易統
計の輸入額には日本までの輸送費や保険料などのコストも含まれているため，
輸入価格の方が高くなる傾向があろう。特に日本の主要輸入元が距離が遠い欧
州であることから，CIF表示は高くなることは大いに考えられる。しかし輸出
入価格差がFOBとCIFの違いで説明できないほど大きいとすれば，価格差の

図 1-1　輸出入単価比較（輸入／輸出，2018 年）

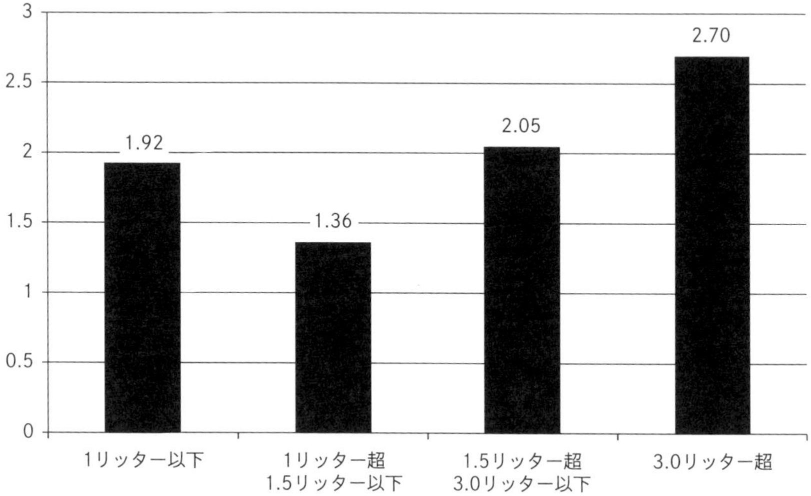

資料：財務省『貿易統計』より筆者集計・計算

理由として，品質差やブランド評価の差なども含まれている可能性がある。

1.1.3　電動車の貿易

　2017 年から貿易統計において電動車が別掲されるようになった。これを集計して表 1-3 に示した。（注：6 桁分類では HV と PHV がそれぞれガソリンとディーゼルエンジンに細分される。ただディーゼルエンジンベースの HV や PHV は非常に少ない。詳細は付表 1-1 を参照。）2018 年の日本の電動車輸出は約 67 万台で前年の 62 万台より増加している。電動車はハイブリッド（HV），プラグイン・ハイブリッド（PHV）及び電気自動車（EV）に分けられる。日本の電動車輸出はこれらのうち HV 主体で，HV が電動車輸出の 85％程度を占めている。次いで PHV が 13％，EV は現状 2％である。電動車輸入は輸出に比べて圧倒的に少なく，年間 5,000 台を超える程度に過ぎない。ただし，単価は日本から輸出される電動車の 3 倍以上である。（注：付表 1-1 を参照。）輸入電動車における HV，PHV，EV の割合はそれぞれ 9％，67％，24％である。日本の電動車貿易は現状，量的には輸出が輸入の 100 倍以上あるが，日本の輸出は HV 主体，輸

表 1-3　電動車の貿易

輸出	台数		シェア	
	2017 年	2018 年	2017 年	2018 年
HV	549,329	569,957	88.6%	84.7%
PHV	60,025	88,649	9.7%	13.2%
EV	10,926	14,177	1.8%	2.1%
電動車計	620,280	672,783	100.0%	100.0%

輸入	台数		シェア	
	2017 年	2018 年	2017 年	2018 年
HV	785	492	15.5%	8.8%
PHV	2,999	3,764	59.1%	67.3%
EV	1,293	1,335	25.5%	23.9%
電動車計	5,077	5,591	100.0%	100.0%

資料：財務省『貿易統計』より筆者作成。

入は高価格帯の PHV と EV の割合が高い。電動車に関しては，日本メーカー
と海外メーカーの間にこうした棲み分けが見られる。

1.2　日本自動車輸入組合（JAIA）の輸入車販売統計

　貿易統計は輸出入の数量と金額が相手国別に，かつ詳細な商品分類ごとに得
られるため自動車貿易の分析においても最も基本となる統計である。ただ自動
車産業の分析に対応する車種・セグメントやブランド，さらにはモデル別の
データは得られない。輸入に関してそうしたデータを提供しているのは，自動
車輸入業者の団体である日本自動車輸入組合（Japan Automobile Importers
Association, JAIA）である。同組合は月次で自動車輸入統計を提供・公開して
いる。また表 1-4 に示したような時系列データも合わせて公開している。（注：
JAIA のホームページからすべてのデータが PDF またはエクセル・ファイルでダウ
ンロード可能。）統計に加えて同組合は毎年 Imported Car Market of Japan と題
するレポートも公開している。このレポートでは 2001 年以降，毎年継続しての
日本の輸入車市場動向が分析されている。また同レポートの巻末には日本の自
動車輸入の仕組みや手続きが整理されている。（なお自動車の保有台数データ

表 1-4 日本自動車輸入組合提供データ

統計の種類	詳細
暦年台数の推移	1966年以降の輸入車新規登録台数
価格帯別の推移	2003年以降の価格帯別の外国メーカー乗用車の輸入車新規登録台数
車種別の推移	月別は1988年1月以降，年別（暦年）は1988年以降の輸入車新規登録台数（外国メーカー車，日本メーカー海外生産車，輸入車総計）
車名別の推移	月別は1988年1月以降，年別（暦年）は1966年以降の各車名（ブランド）別の輸入車新規登録台数
都道府県別の推移	月別は1988年1月以降，年別は1988年以降の各都道府県の輸入車新規登録台数
日本メーカー車/外国メーカー車の推移	1998年1月以降の日本メーカー車／外国メーカー車の輸入車新規登録台数
外国メーカー車モデル別トップ20の推移	暦年版：四半期毎，半期毎，暦年毎の推移 年度版：年度半期毎，年度毎の推移
中古車の推移	2001年1月以降の輸入車の中古車登録台数（中古車新規・所有権の移転・使用者の変更）

資料：日本自動車輸入組合ホームページをもとに筆者作成。

は財務省貿易統計でも日本自動車輸入組合の統計でも得られないので，自動車検査登録情報協会のデータにあたる必要がある。）

　日本自動車輸入組合の時系列データをもっとも古いところまで遡ると，1967年に日本の自動車輸入は1万5千台に過ぎなかったことが分かる。以降，これまでのピークは1996年で，この年39万3千台の輸入車（乗用車）が販売された。輸入車には海外ブランドのものだけでなく，日本メーカーが海外で生産し，日本に輸入された車も含まれる。1990年代の半ばにこうした「逆輸入」の盛り上がりがあったことも輸入増に寄与した。2018年は同34万2千台であった。一般に輸入はその時々の日本経済の状況に左右されるが，日本の自動車販売に占める輸入車のシェアは安定していて，1998年以降は10％内外で推移している。なお日本自動車輸入組合の販売データは「輸入車新規登録台数」である。よって登録，すなわちナンバーを取得した段階で記録されるものであり，貿易統計とは時間的なズレが発生する。また同データには新車のみでなく海外から中古車として輸入されて日本で新たにナンバーを取得した車も含まれる。これらの点には第7章の輸入在庫分析で再び触れることになる。

表 1-5　輸入車上位 20 モデル（2018 年）

順位	ブランド	モデル	販売台数
1	BMW　ミニ	ミニ	25,983
2	フォルクスワーゲン	ゴルフ	21,316
3	メルセデス・ベンツ	C クラス	18,321
4	フォルクスワーゲン	ポロ	11,079
5	メルセデス・ベンツ	E クラス	10,454
6	ボルボ	40 シリーズ	8,440
7	BMW	3 シリーズ	7,997
8	BMW	5 シリーズ	7,474
9	BMW	2 シリーズ	7,399
10	BMW	X1	7,249
11	BMW	1 シリーズ	6,746
12	メルセデス・ベンツ	A クラス	6,465
13	メルセデス・ベンツ	GLC	6,316
14	ボルボ	60 シリーズ	6,205
15	メルセデス・ベンツ	CLA	6,169
16	アウディ	A3 シリーズ	5,951
17	BMW	X3	5,230
18	フォルクスワーゲン	ザ ビートル	4,857
19	フォルクスワーゲン	ティグアン	4,770
20	アウディ	Q2	4,767

注：外国メーカー車のみ。
資料：日本自動車輸入組合統計。

図 1-2　輸入車販売に占めるドイツ・ブランドのシェア（台数ベース）

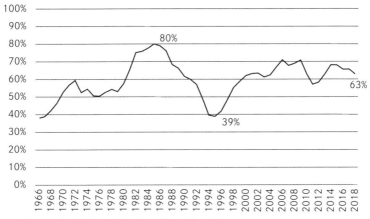

資料：日本自動車輸入組合統計より筆者計算・作成。

　輸入車の価格に関しては 2003 年以降のデータがあるが，ボリュームゾーンは 300 万円台と 400 万円台で，2018 年は 300 万円台が輸入車の 24.5%，次いで 400 万円台が多く，19.1% を占めた。

　モデル別データをみると，表 1-5 に掲載したように輸入車の上位 20 モデルはほとんどがドイツ・ブランドで占められていることが特徴的である。近年のトップは BMW ミニであるが，2015 年までは長らくフォルクスワーゲン・ゴルフがずっと首位の座にあった。続いて図 1-2 はドイツ・ブランドの輸入車全体に占めるシェアを示したものである。数十年の間，同シェアは 40% から 80% 程度の間で推移している。近年，ドイツ車は日本でも人気であり，よく目にするが，ドイツ車が輸入車でトップシェアの 80% を記録したのは 1980 年代の半ばであったことが分かる。1990 年代半ばのドイツ車のシェア低下の背景には，アメリカ車の復活もあったが，これは長続きしなかった。

1.3　日本自動車工業会（JAMA）の統計

　日本自動車工業会（自工会，Japan Automobile Manufacturers Association,

表 1-6　自工会データベース

データ	車種	メーカー
生産	乗用車	トヨタ
輸出	普通	日産
新車登録	小型	マツダ
	軽	三菱
	トラック	いすゞ
	普通	ダイハツ
	小型	ホンダ
	軽	スバル
	バス	UD トラック
	普通	日野
	小型	スズキ
		GM 日本
		三菱ふそう

注：メーカー別データが得られないものもある。
資料：自工会ホームページをもとに筆者作成。

Inc., JAMA）は日本の自動車生産者の団体である。日本で最も有名な業界団体の一つであろう。各メーカーのデータが自工会で集計されて，インターネット上で公開されている。自工会データは Active Matrix Database System というオンデマンド型のデータベースになっている。（注：データベースにない歴史的な資料に関しては，自工会が運営する自動車図書館にて閲覧可能。）

　自工会データベースからは表 1–6 に整理した形式で情報を抽出することができる。データは生産，輸出，登録（販売）に分かれ，それらが車種別（乗用車，トラック，バス）及びメーカー別に表形式で生成されるシステムである。

　図 1–3 と表 1–7 は実際にこのデータベースから得られた数値から作成したものである。図 1–3 は 1993 年からの日本の自動車生産台数，登録（販売）台数及び輸出台数の推移を示したものである。これをみると 2009 年に世界経済危機を反映した大きな「崖」があるが，その後なんとか国内生産 1,000 万台に近いところを維持してきたことが分かる。輸出はこの間 400 万から 600 万台で推移，販売もそれに近い水準にあった。したがって近年においては毎年約 1,000 万台弱が日本国内で生産され，うち約半分強が国内販売，残りの半分弱が輸出，と

図 1-3　日本の自動車生産・国内販売・輸出台数

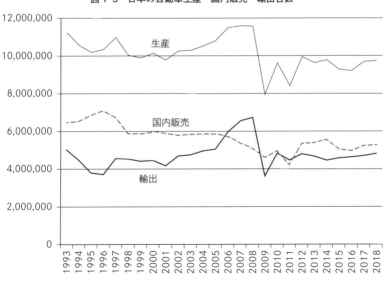

資料：自工会データベースより筆者作成。

表1-7 メーカー別輸出台数（2014年）

	普通	小型	軽	合計	シェア
トヨタ	1,491,514	90,143	—	1,581,657	41.2%
マツダ	708,183	53,002	—	761,185	19.8%
スバル	541,385	201	—	541,586	14.1%
日産	412,892	11,970	—	424,862	11.1%
三菱	365,978	887	2,257	369,122	9.6%
スズキ	55,923	61,955	199	118,077	3.1%
ホンダ	18,066	13,185	—	31,251	0.8%
ダイハツ	—	7,855	—	7,855	0.2%
合計	3,593,941	239,198	2,456	3,835,595	100.0%

資料：自工会データベースより筆者作成。

いう構造にあると言える。2018年については，商用車も含めた四輪自動車合計で生産973万台，（国内メーカーの海外生産車を含む）販売527万台，輸出482万台であった。また輸出について，主要地域別には北米向け40.1%，ヨーロッパ向け18.4%，アジア向け13.2%，中近東向け9.9%，大洋州向け9.1%などとなっている。

　集計量としては以上の通りであるが，企業別にみると現在は非常に多様であることが分かる。例えば表1-7は企業別に年間輸出を見たものである。トヨタとホンダを比較してみる。トヨタは2014年に160万台近くもの乗用車を日本から輸出した。これは全乗用車輸出（新車）の41.2%に当たる。一方グローバル企業のイメージが強いホンダは，この年の輸出台数は3万台（同0.8%）に過ぎない。ホンダの「グローバル」は現地化・現地生産が相当進んでいるという意味でのグローバルとみなければならないだろう。自動車メーカー間で規模がかなり異なり，またこのように生産・輸出構造にも大きな相違があるという点については，第9章の企業の異質性のところで扱う。

第1章のまとめ

・財務省の貿易統計，自動車輸入組合及び自工会の統計を組み合わせることで，日本の自動車貿易のあらましを多面的に把握できる。

・自動車産業全体では国内生産 1,000 万台近くを辛うじて維持しつつ，約半分を国内，残りの約半分を輸出している。ただし企業間では相当な差異（異質性）がある。

・貿易統計から輸出の中心セグメントは 1.5 リッター超 3 リッター以下のクラスで，輸出台数の過半がここに含まれることが分かる。

・電動車（HV，PHV，EV）が日本の乗用車輸出の 1 割を超えてきたところである。

・輸入は輸出の 10 分の 1 以下，多くても年間 40 万台程度である。

・輸入車の中心はドイツ・ブランドで，これまで毎年輸入乗用車の 40〜80％を占めてきた。

・輸出入単価は輸入車が輸出車を各セグメントで上回り，最小セグメントと最大セグメントで乖離が大きい。

付表 1-1　電動車貿易の詳細（2018 年）

輸出

カテゴリー	HS コード	台数	金額（1,000 円）	単価（1,000 円）
ガソリン HV	870340	569,955	1,222,097,043	2,144
ディーゼル HV	870350	2	1,167	584
ガソリン PHV	870360	88,648	305,248,509	3,443
ディーゼル PHV	870370	1	1,530	1,530
EV	870380	14,177	42,655,563	3,009
電動車計		672,783	1,570,003,812	2,334

輸入

カテゴリー	HS コード	台数	金額（1,000 円）	単価（1,000 円）
ガソリン HV	870340	486	10,361,851	21,321
ディーゼル HV	870350	6	18,891	3,149
ガソリン PHV	870360	3,764	25,440,875	6,759
ディーゼル PHV	870370	0	—	—
EV	870380	1,335	7,702,568	5,770
電動車計		5,591	43,524,185	7,785

資料：財務省『貿易統計』より筆者集計。

第2章

日本の自動車貿易構造の現状分析

本章のねらい

　本章では伝統的貿易理論，すなわち比較優位論の観点から日本の自動車貿易
を分析する。第1節では第1章でみた完成車貿易について，近年の日本の貿易
構造を産業内貿易指数を使って分析する。第2節では部品貿易について，貿易
特化係数を用いて直近の日本の自動車部品貿易の比較優位構造を分析する。

2.1　産業内貿易（IIT）指数による日本の自動車貿易構造の分析

2.1.1　比較優位と産業内貿易

　国際経済学とりわけ最初期の研究者である D. リカード，E. ヘクシャーと B.
オリーンらの関心は，貿易パターンの説明と貿易の影響，特に貿易による利益
に向けられてきた。貿易のパターン，すなわち各国が何を輸出して何を輸入す
るかについて，彼らは比較優位という概念で説明した。輸送費等により貿易さ
れないものを除けば，どの国も比較優位のあるものを輸出して，比較優位のな
いものを輸入していることが予想される。すなわち個別の産業をみていくと，
輸出しているか輸入しているかのどちらかになるはずである。比較優位の源泉
は，リカードが重視した，国による生産技術の差や，ヘクシャーとオリーンが
見出した生産要素賦存量の違いなどがある。比較優位論によれば国々の間でこ
れらに関する違いが大きいほど，貿易の誘因も高まると考えられる。（注：比較

優位に関しては，例えば小峰隆夫『貿易の知識（第2版）』日本経済新聞社（pp. 23〜28），石川城太・菊地徹・椋寛『国際経済学をつかむ』有斐閣（pp. 11〜51）及び中北徹『国際経済学入門』筑摩書房（pp. 16〜21）など参照されたい。）

　自動車に当てはめてみると，自動車に比較優位がある国は自動車を輸出し（輸入はしない），比較劣位にある国は自動車を輸入する（輸出はしない）はずである。しかし，現実にはどの自動車輸出国も輸出と輸入の両方を行っている。日本も第1章でみた通り，輸出に比べて少ないながら輸入もしている。20世紀の後半に入るとこうした双方向の貿易があちらこちらでみられることが明らかになってきた。この双方向の貿易を探求した研究者の中にGrubelとLloydがいる。Grubel and Lloyd（1975）は同一産業内で輸出入両方が行われることを産業内貿易（intra-industry trade）と呼び，比較優位論から導かれる貿易を産業間貿易（inter-industry trade）と呼んで区別した。彼らはまた産業内貿易を計測する方法を提示した。産業内貿易指数（IIT index）と呼ばれるものである。

　二国 j, k があり，輸出を X，輸入を M とし，ある産業 i（または商品カテゴリー i）の j 国から k 国への輸出を X_{jk}^i，j 国の k 国からの輸入を M_{jk}^i とすると，産業内貿易指数（IIT）は，

$$IIT_{jk}^i \equiv 1 - \frac{\left| X_{jk}^i - M_{jk}^i \right|}{X_{jk}^i + M_{jk}^i} = 2 \cdot \frac{min\left(X_{jk}^i, M_{jk}^i \right)}{X_{jk}^i + M_{jk}^i}$$

となる。この指数は，産業内貿易を，輸出と輸入が重なる部分としてとらえており，指数の意味としては，その産業の総貿易に占める産業内貿易の割合を計算したものと考えることができる。よってこの指数は0から1の値をとり，1に近いほどその産業では産業内貿易が活発で，0の場合には，比較優位理論が予測するように，輸出か輸入のどちらかのみであるということになる。

2.1.2　完成車の産業内貿易指数

　日本の自動車貿易に適用してみよう。既にみたように，日本では輸出が輸入より桁違いに多いので，産業内貿易はゼロではないにせよ，活発とは言えない。逆に言うと，日本はやはり自動車に比較優位があって，日本の自動車貿易

は，概ね比較優位で説明できるということになる。

　上述の IIT の式で，i はもちろん自動車，j は日本，k は日本以外の国々とする。k は特定の国でもよいが，まずは日本以外の世界全体とする。

　また輸出入を数量でみるか金額でみるかという点に関しては，ここでは数量，すなわち自動車の台数とする。金額ベースにすることの問題点は，輸出額と輸入額の取り方が異なる点である。第1章で述べたように貿易統計の輸出額は FOB 価格，対して輸入額は CIF 価格で，後者には輸送費や保険料などが含まれてしまう。なお日本では輸出額が輸入額を上回っているため，金額ベースの自動車 IIT 指数を計算すると，輸出と輸入の差が縮まるため，数量ベースのものよりも IIT 指数が高くなる傾向がある。

　図 2-1 は全乗用車を対象とした IIT 指数の推移を示したものである。やはり輸出と輸入の乖離が大きいため，全般に指数の水準は低い。図に示すように1988 年以降最高でも 0.24 である。しかし水準は低いながらも興味深い変動がみられる。1988 年は 0.03 であったが，1990 年代の前半はほぼ一貫して上昇を続け，1996 年の 0.24 をピークに，90 年代末にかけて急低下，2000 年代も漸減傾向で，2008 年の 0.06 から最近年までは再び上昇傾向にある。2016 年の同指

図 2-1　日本の自動車 IIT 指数

資料：財務省『貿易統計』より筆者集計・作図

数は0.12となった。日本の乗用車貿易の12%は産業内貿易であるということである。（金額ベースでIIT指数を計算すると，数値はやや高くなり，同じ2016年で20%となる。）

　また第1章で詳述したように輸出のみ新車，中古車及びノックダウンに細分可能である。輸出から新車のみを抽出して，2016年のIIT指数を計算すると，台数ベースでは0.15，金額ベースでは0.21となり，いずれも新車に限定しない場合に比べてやや上昇する。

セグメント別IIT指数

　乗用車合計での日本の対全世界IIT指数は，1988年から2016年で0.03から0.24の水準で変動していた。その背景を理解するために，セグメントを分けてより詳しく見てみよう。なおこの先は乗用車貿易の92%（2016年）を占めるガソリン車のみを対象にする。図2-2にセグメント別に計算したIIT指数を示した。（数値は付表2-1を参照。）セグメント別IITの計算は，前述の計算式のiを各セグメントにしたものである。第1章の表1-1に示したように貿易統計上分けることができるのは，排気量別のセグメントで，ミニ（1.0リッター以下），小型（1.0リッター超1.5リッター以下），中型（1.5リッター超3.0リッ

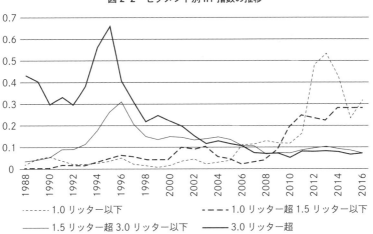

図2-2　セグメント別IIT指数の推移

資料：財務省『貿易統計』より筆者集計・作図。

ター以下）及び大型（3.0 リッター超）の四セグメントである。（名称は筆者による。）小さいものからみていくと，ミニは当初（1980 年代末）IIT 指数がもっとも低い部類であったが，2005 年あたりから上昇している。2012 年に前年の 0.165 から 0.481 へと急上昇した。現在 IIT 指数が最も高いのがこのミニセグメントである。

　小型セグメントの動きはミニに近い。小型は 1988 年に IIT 指数がほぼゼロ（0.00394）で最も低かったのが，2009 年あたりから上昇し始めて，2010 年に 0.201 に上昇，現在 0.280 でミニに次ぐ高さになっている。

　中型セグメントの IIT 指数は 1996 年に 0.310 を記録してから漸減，この 10 年ほどは 0.1 かそれを下回る水準になっている。

　最後に大型セグメントの IIT 指数は概ね中型に近く，1995 年に 0.658 を記録してから低下，この 10 年程度は 0.1 を下回っている。2016 年は中型とほとんど同じで，0.0707 である。

　セグメント別 IIT 指数から言えそうなことは，セグメント間での跛行性がみられ，少ないながらも存在する日本の自動車産業内貿易の中心が，大きなセグメントから小さなセグメントに移ってきているという点である。

　IIT 指数のトレンド転換がみられたいくつかの年について，さらに詳細を追ってみよう。指数が高かった 1996 年とその後のボトムである 2008 年，それに 1988 年と最近年の 2016 年を加えた四年分を見てみる。図 2-3 にはその四年分のセグメント別 IIT 指数が横軸を貿易シェアとしてプロットされている。これらの図から貿易全体への貢献度とともに産業内貿易の変動要因を考えたい。

　1988 年と 1996 年を比べると，ミニはほとんど位置が変わっていない。小型は IIT 指数がやや上昇している。一番 IIT 指数の高い大型は貿易シェアがこの間上昇している。一番大きな変化があったのは中型で，指数はほぼゼロから 0.310 まで上昇した。かつ中型が最も貿易シェアが高い。よって 1990 年代の日本の乗用車貿易 IIT 指数の上昇はこの中型と大型両セグメントの寄与によるものと考えられる。しかしその後の指数の急低下が示すように，この傾向は続かなかった。2008 年のパネルが示すように中型と大型の IIT 指数が急減している。よって両セグメントの産業内貿易が沈滞したことが 2008 年頃に向けての IIT 指数の低下につながっている。2008 年と 2016 年を比較すると，今度は中型

図2-3 セグメント別 IIT 指数と貿易シェアの推移

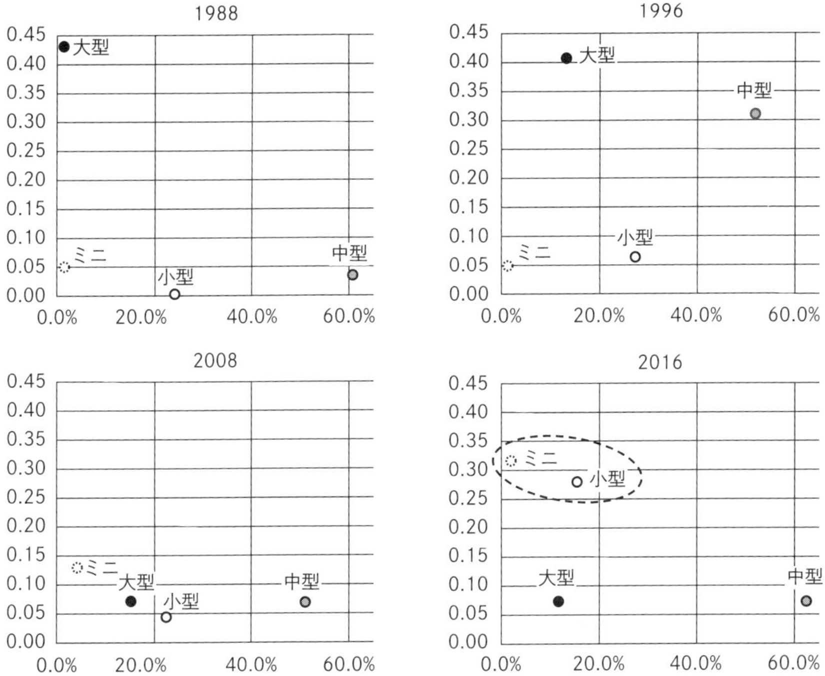

資料：財務省『貿易統計』より筆者集計・作図。

と大型の位置づけはあまり変わっていない。すなわち，中型はいずれの年でも貿易シェアが最も高く，かつ指数もほとんど変わっていない。大型は貿易シェアも指数も変化は小さい。よって2008年以降の産業内貿易の再活性化は，小型とミニでの産業内貿易の活発化の寄与によるものである。

計測結果の解釈

　IIT 指数が全般に低く，輸出超過ということは，単純に日本は自動車に比較優位があることを示していると解釈される。よって，どちらかというと，産業間貿易主体である。とはいえ，双方向の貿易すなわち産業内貿易も見られ，比較優位のみでは説明しづらい面もある。

　産業内貿易を説明するとすれば，特に自動車は製品差別化が重要であること

が挙げられる。すなわち各メーカーは，似たようなものであるが，しっかりと差別化された車を生産しており，消費者も多様な嗜好をもっている。このような製品において産業内貿易（すなわち国産品を買う人もいれば輸入品を買う人もいるということ）が観察されることはごく自然なことである。

　日本の自動車輸入元は現在ドイツを中心としてヨーロッパ諸国が多い。現状全般に IIT 指数は低いが，指数はどれくらいそれらの国々から輸入があるかに左右されるところが大きいと思われる。本章では日本とその他世界全体の乗用車 IIT 指数を計測してきたが，日本とドイツの間では乗用車の相互貿易が活発で，2016 年日本からの輸出は 10.9 万台（2,019 億円），ドイツからの輸入が 12.9 万台（5,258 億円）であったので，二国間 IIT 指数を計算すると，台数ベースでは 0.91，金額ベースでも 0.55 と非常に高い。

　ヨーロッパ以外では 1990 年代中頃にはアメリカからの輸入が（結局一時的ではあったが）増えた。第 4 章で詳述するが，貿易摩擦を経て日本の全メーカーが一挙にアメリカでの生産を開始した。1990 年代中ごろにはこれらの工場から対日輸出も行われた。これが 1990 年代の一時的な産業内貿易活発化をもたらした要因の一つである。

　セグメント別計測結果が示したのは，小さい方のセグメントで，近年産業内貿易が活発化していることである。これには供給サイドも影響しているのではないかと考えられる。ドイツを中心とするヨーロッパのメーカーは日本にも小型でより低価格の車種の供給も増やしている。これが小型とミニ・セグメントの IIT 指数が特に上昇していることの背景であるとみられる。

2.2　輸出特化係数（TSC）による日本の自動車部品貿易構造の分析

　完成車に比べると自動車部品の貿易が注目されることはあまりないだろう。実際，貿易統計から自動車部品を正確に抽出して分析することは，製品や通関業務に精通していない限り困難である。しかし日本自動車部品工業会（Japan Auto Parts Industries Association, JAPIA）では貿易データを整理して公表しており，これを活用すれば，少なくとも日本の部品輸出入については，把握，

表 2-1　日本の自動車部品貿易額（2018 年，100 万円単位）

	輸出	輸入	輸出＋輸入	輸出特化係数
自動車用部品・付属品	3,954,600	974,221	4,928,821	0.605
ギヤボックス及びその部分品	2,092,732	139,028	2,231,760	0.875
車体・その他部分品及び附属品	388,797	147,190	535,987	0.451
部分品及び附属品 その他のもの	408,924	119,569	528,493	0.548
駆動軸（差動装置を有するもの）及び非駆動軸並びにこれらの部品	268,527	25,144	293,671	0.829
ブレーキ及びサーボブレーキ並びにこれらの部品	188,465	77,800	266,265	0.416
ハンドル，ステアリングコラム及びステアリングボックス並びにこれらの部分品	162,243	49,277	211,520	0.534
車輪及びその部分品・附属品	43,421	158,470	201,891	−0.570
安全エアバック（インフレーターシステムを有するものに限る）及びその部分品	82,516	107,845	190,361	−0.133
懸架装置及びその部分品（ショックアブソーバーを含む）	126,961	48,360	175,321	0.448
クラッチ及びその部分品	91,561	32,072	123,633	0.481
バンパー部分品	44,207	15,498	59,705	0.481
消音装置（マフラー）及び排気管並びにこれらの部分品	28,841	20,001	48,842	0.181
ラジエーター及びその部分品	24,655	14,151	38,806	0.271
シートベルト	2,751	19,816	22,567	−0.756
ピストン・同部品	823,305	304,055	1,127,360	0.461
内燃機関用電気部品	399,709	72,620	472,329	0.693
ゴム製タイヤ	349,535	121,860	471,395	0.483
自動車用照明機器等	200,890	123,448	324,338	0.239
伝導軸・軸受箱	190,106	53,019	243,125	0.564
エアコン	131,095	28,587	159,682	0.642
原動機付シャシー・車体	79,064	4,110	83,174	0.901
ラジオ・カーステレオ	13,300	68,866	82,166	−0.676
ガスケット・メカニカルシール	55,614	21,660	77,274	0.439
ガラス部品	23,372	47,912	71,284	−0.344
ろ過器	31,362	27,804	59,166	0.060
電球類	16,418	4,387	20,805	0.578

資料：日本自動車部品工業会資料より筆者集計・計算。

分析することができる。

　表 2-1 は輸出入データが得られる主要部品について集計したものである。輸出入総額（貿易総額）が多いものから順に並べてある。主要部品は HS コード 87.08 の「自動車用部品・同付属品」という分類に入っており，この中でも特に

ギヤボックスが突出して多く，同分類の過半を占める。これ以外ではエンジン
部品であるピストンやエンジン用電気部品，タイヤ，ライトなどの照明機器，
伝導軸，エアコンなどが金額的に多い。

　自動車部品は完成品である自動車と比べた場合，標準化が進んでおり，相対
的には差別化が求められない商品であると考えられる。よって本節では輸出特
化係数（trade specialization coefficient, TSC）を用いて自動車部品の比較優位
について検討したい。輸出特化係数は，前節の記号を使うと

$$TSC_{jk}^i \equiv \frac{X_{jk}^i - M_{jk}^i}{X_{jk}^i + M_{jk}^i}$$

である。出超であればプラスだが，産業内貿易指数と異なり，入超であればマ
イナスになる。輸出のみであれば 1，輸入のみであれば −1 になる。表 2–1 を
みるとほどんどの主要部品で輸出特化係数はプラスとなっており，現状におい
ては，総じて日本は自動車部品に比較優位があるとみなせる。一方，マイナス
の品目は，車輪，エアバッグ，シートベルト，ラジオ・カーステレオ，そして
ガラス部品である。

第 2 章のまとめ

・日本の対全世界乗用車 IIT 指数は，第 1 章の統計からも予想できるように全
　般的に低い。1988 年から 2016 年までの期間でみると，同指数は 0.03 から
　0.24 の水準で推移した。金額ベースでの IIT 指数はもう少し高くなる傾向が
　ある。また日独二国間では IIT 指数は 0.91（金額ベースでは 0.55）と計測さ
　れる。
・1990 年代中ごろにかけての時期と，最近 10 年程度は IIT 指数が上昇傾向に
　ある。
・1990 年代中ごろにかけての IIT 指数上昇は中型と大型セグメントでの産業貿
　易活発化によるが，これは持続しなかった。
・一方，最近 10 年の産業内貿易活発化は小型及びミニ・セグメントでの産業内
　貿易の活発化による。

付表 2-1　セグメント別 IIT 指数

| 年 | ガソリン車 | | | 3.0リッター超 | ディーゼル車 | | | その他 | 全体 |
	1.0リッター以下	1.0リッター超1.5リッター以下	1.5リッター超3.0リッター以下		1.5リッター以下	1.5リッター超2.5リッター以下	2.5リッター超		
1988	0.01950	0.00394	0.03515	0.43125	0.00063	0.01644	0.00784	0.00898	0.03027
1989	0.04613	0.00549	0.04206	0.40368	0.00303	0.01547	0.01003	0.00681	0.03928
1990	0.05609	0.00791	0.05322	0.29766	0.00040	0.01750	0.00944	0.05053	0.04910
1991	0.03687	0.02026	0.08960	0.33137	0.00476	0.03377	0.01377	0.37861	0.07869
1992	0.02103	0.01799	0.09104	0.29716	0.00114	0.00886	0.00986	0.12427	0.07667
1993	0.02178	0.01765	0.11415	0.38281	0.00103	0.00835	0.00820	0.30235	0.09636
1994	0.02662	0.02752	0.17714	0.56177	0.00384	0.01949	0.21195	0.52465	0.15277
1995	0.03492	0.04951	0.26291	0.65787	0.01132	0.02498	0.31999	0.62866	0.22436
1996	0.05091	0.06538	0.31045	0.40661	0.00596	0.03715	0.17532	0.73155	0.23946
1997	0.02302	0.05881	0.20661	0.30978	0.00499	0.03726	0.07853	0.89203	0.16985
1998	0.01574	0.04449	0.14997	0.21822	0.00102	0.00891	0.09129	0.86498	0.12302
1999	0.00816	0.04591	0.13575	0.24784	0.01047	0.00147	0.01046	0.13480	0.11303
2000	0.01659	0.04534	0.14929	0.22139	0.00739	0.00344	0.03809	0.00823	0.11915
2001	0.03663	0.10119	0.14590	0.19712	0.00242	0.00391	0.01137	0.11735	0.12605
2002	0.04572	0.09148	0.13359	0.15325	0.00165	0.00457	0.00429	0.07493	0.11058
2003	0.02359	0.10553	0.13970	0.11703	0.00340	0.00292	0.00154	0.00215	0.10568
2004	0.03078	0.05892	0.14771	0.12923	0.00180	0.00310	0.00199	0.00392	0.10291
2005	0.03993	0.04959	0.13589	0.11629	0.00420	0.00224	0.00187	0.01095	0.09668
2006	0.11116	0.02539	0.10693	0.10638	0.00891	0.00213	0.00934	0.13035	0.08161
2007	0.11434	0.03500	0.10564	0.07443	0.01919	0.00272	0.01365	0.02672	0.07803
2008	0.12944	0.04358	0.06836	0.07090	0.00823	0.00284	0.01515	0.04292	0.06105
2009	0.11937	0.09062	0.07461	0.07253	0.00478	0.00408	0.00427	0.20223	0.07414
2010	0.11781	0.20081	0.07313	0.05233	0.00735	0.00219	0.03551	0.10641	0.08806
2011	0.16524	0.24847	0.08721	0.08128	0.01019	0.00395	0.02520	0.02776	0.11120
2012	0.48081	0.23480	0.09594	0.08023	0.02900	0.05381	0.03286	0.02992	0.12402
2013	0.53331	0.22483	0.10341	0.08260	0.10222	0.11679	0.04282	0.24735	0.12909
2014	0.42552	0.28160	0.09293	0.07888	0.44051	0.12364	0.06150	0.72440	0.12942
2015	0.23448	0.28016	0.08621	0.06687	0.03876	0.17981	0.07331	0.44034	0.12093
2016	0.31678	0.27966	0.07070	0.07182	0.38569	0.31805	0.09314	0.16581	0.12331

資料：財務省『貿易統計』より筆者計算。

・自動車部品は輸出特化係数で分析を試みた。ほどんどの主要部品で輸出特化係数はプラスとなっており，車輪，エアバッグ，シートベルト，ラジオ・カーステレオ，そしてガラス部品を除き，総じて日本は自動車部品に比較優位がある。

戦後日本の自動車産業の発展と貿易

本章のねらい

　保護貿易の論拠の一つとして幼稚産業保護論がある。自動車産業を目玉産業として育成しようという発想は，東南アジアなどの新興国で政策化された。マレーシアでは「プロトン」という自国ブランドを立ち上げて実際に生産が行われている。日本も戦前からいくつかの新興産業で幼稚産業保護的な貿易政策がとられてきた。戦前は鉄鋼業，化学肥料工業，人絹工業等の重化学工業，戦後保護されたものの中には自動車もある。本章では幼稚産業保護の観点から1960年代までの自動車貿易政策を振り返り，その評価を試みる。

3.1　幼稚産業保護論と自動車産業

　幼稚産業保護の発想は感覚的には受け入れられやすいものであろう。その萌芽は例えば19世紀イギリスの哲学者・経済学者ジョン・スチュアート・ミルの著作にみられる。ミルの考えは，まだ幼稚（未発達）な産業に一時的に保護を与え，やがてその産業がより効率的生産ができるようになり競争力を持って自立し，保護なしでも外国企業と渡り合えるようになるなら，幼稚産業保護は利益になり得るというものである。こうした発想は特に先進国に追いつこうとする発展途上国で受け入れられやすい政策であると考えられる。
　もう少し経済学的に厳密に考えてみよう。自動車の生産基盤のない国で自動

車をこれから生産しようとしても，その国の自動車生産コストは外国での一般的な自動車の価格（世界価格）に比べて著しく高くなるであろう。よってその国では自動車は輸入される。ここで政府が自動車の輸入に関税をかける保護政策をとったとしよう。関税により消費者が直面する自動車価格は上昇する。十分に価格が上昇すれば，国内企業は自動車生産を始めるであろう。しかし，このように無理やり自動車産業を興しても，全体としてこの国には経済的な損失が発生する。これは生産者の利益（生産者余剰）と関税収入を合わせても，それを上回る消費者の損失（消費者余剰の減少）が生じるからである。この純損失は死荷重（dead weight loss）と呼ばれる。保護政策が関税ではなく輸入数量制限の場合もある。この場合は関税収入の代わりに輸入業者が利益（レント）を得る。それでも関税の場合と同じで，ネットではこの国には損失が発生する。（なお，レントの奪い合いに資源が動員されると関税の場合よりも損失が大きくなることがありえる。）以上が国内産業保護の静学的評価である。

　幼稚産業保護論は，しかし，静学的な枠組みを超えて展開される。一定期間保護すると国内生産者はその間に生産技術を向上させ，供給曲線が外側にシフトする。そのときに輸入関税や数量制限を撤廃すれば死荷重は以後発生せず，また国内生産があれば生産者余剰も得られるというものである。幼稚産業保護が正当化されるのは，のちに生み出された生産者余剰が保護の期間に発生した純損失を上回る場合である。

3.2　戦後の自動車産業の発展

3.2.1　出発点

　日本には戦前から自動車生産の歴史があった。ただ生産は主として軍用トラックやバスなどの商用車であって，乗用車の生産は限られていた。トヨタは乗用車生産を始めていたが，戦争が始まると，軍用車や商用車への生産移行を余儀なくされた。

　戦後日本に入ってきたのは占領軍及びその関係者が輸入あるいは持ち込んだ自動車であった。日本国民は規制により1952年まで自動車を輸入することは

できなかった。そもそも戦後すぐの時点では自動車を購入できる人はほとんどいなかったであろうが，それでも自動車を手に入れるには，占領軍や関係者から入手する他なかったのである。

しかしその後国内での自動車生産も徐々に立ち上がってくる。1951 年のデータでは，日本国民への自動車総供給台数は 5,248 台であった。そのうち 3,598 台が国内生産，残りの 1,650 台は中古車として占領軍及び関係者から供給された。占領軍は外貨規制や関税を免除されており，彼らがこの年 3,981 台の乗用車を輸入している。その他に彼ら自身が持ち込んだ車両もあった。よって 1951 年には日本に輸入された乗用車の台数は国内生産台数を上回っていたことになる。

外貨割り当てに加えて自動車及び同部品に輸入関税が課されていた。例えば乗用車（完成車）への関税は 40%，エンジンには 30% の関税があった。すなわち 1950 年代に輸入車を手に入れるためには，車両価格に加えて，少なくともその 40% 分の税を負担し，かつ輸入に必要な外貨の割り当てを受けなければならなかったわけである。こうした措置には相当な輸入制限効果があったことは想像に難くない。

3.2.2 通商産業省の政策
1950 年代までの政策

戦後の貿易は外貨不足もあって厳しく管理されていた。中でも自動車の輸入は貴重な外貨の浪費であるとさえみなされていた。表 3-1 及び図 3-1 に示すように，輸入するためには一般に外貨の割り当てを受けねばならなかった。これによって結果的に輸入に上限が設定されていたことになる。自動車については半年ごとに外貨割り当てが設定されていた。図 3-1 に示すように，1960 年代になってようやく外貨制限が緩められていく。

自動車分野の自由化プロセス

1962 年，通商産業省（以下，通産省）は乗用車政策委員会を立ち上げた。この時期から正式に自動車分野の自由化が検討され始めた。同年 12 月，同委員会は 1963 年度末までに自動車輸入の自由化がなされるべきだとした。またそれまでに日本の乗用車の国際競争力を強化するための準備が必要とも付け加え

表 3-1　自動車輸入への外貨割り当て（項目別，千ドル）

	完成車	補修部品	ノックダウン部品	オートバイ・同補修部品	計
1949	600	—	—	—	600
1950	9,380	—	—	—	9,380
1951	8,750	—	—	—	8,750
1952	12,665	—	1,170	—	13,835
1953	13,735	—	4,094	—	17,829
1954	612	1,971	4,729	105	7,417
1955	922	3,672	3,890	—	8,484
1956	1,500	3,372	2,618	282	7,772
1957	1,818	1,784	480	321	4,403
1958	1,553	2,392	—	401	4,346
1959	2,236	2,400	—	422	5,058
1960	5,125	2,785	—	528	8,438
1961	8,226	—	—	—	8,226
1962	12,560	—	—	—	12,560

資料：『日本の自動車工業』（各年版）より筆者集計・作表。

図 3-1　自動車輸入への外貨割り当て

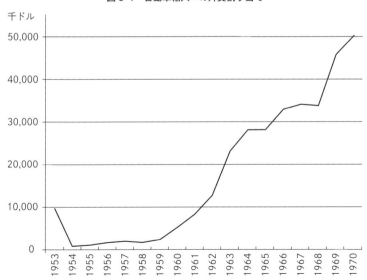

資料：『自動車統計年報』（各年版）より筆者集計・作図。

た。具体的には，国内乗用車生産の確立と販売・流通システムの強化である。

　通産省はこの提言を受けて，日本の自動車メーカーに乗用車価格の引き下げ
を助言した。また自動車輸入向けの外貨割り当ては，それまでの半年ごとの割
り当てから，都度割り当てられる仕組みへと緩和されることも発表された。加
えて国内自動車メーカーの合併を奨励し，そのための低利融資も行うことを発
表した。

　1964 年 9 月になると，通産省は国内自動車メーカーに，① 国内の他メーカー
と協力し，外資と提携したり，外資を持ち込んだりすることを控え，② 自動車
に適切な価格設定を行い，部品の大量生産を実現するため他社と協力する，こ
とを要求した。

　またこの年，予定通り自動車輸入への外貨割り当ては大幅に緩和された。こ
れにより事実上，国民は財力があって希望する人は誰でも自動車を輸入できる
ようになった。その意味で日本の自動車市場は自由化された。当時の桜内通産
大臣は 1965 年 9 月 1 日に日本の自動車市場が自由化される旨発表した。それよ
り一か月遅れたが，自動車輸入への外貨割り当てが撤廃された。

　ただし，注意が必要なのは，自由化対象はこの時点では完成車のみであった
ことである。エンジンや主要エンジン部品，エンジン付きシャシー及び中古車
には外貨割り当てが残された。政府と大部分の自動車業界のリーダーは，外資
の対日投資あるいは外資が単に日本でノックダウン組み立てを行うことに対し
ても不信感を抱いていたとみられる。エンジンなど主要部品への外貨割り当て
を残すことによって，通産省と自動車業界は外資進出を妨げようとしていたの
だと思われる。ただしすべての関係者が外資の進出に反対していたわけではな
かった。例えば本田技研工業の創設者，本田宗一郎は日本の自動車業界の保護
主義が，日本企業の海外での機会喪失につながることを懸念していた。（注：経
済評論社編（1967）の記録による。）結局，自動車の外資規制が撤廃されたのは，
1971 年 4 月のことであった。

　1965 年の自動車輸入自由化に関してもう一点注意が必要なのは，関税はまだ
撤廃されなかったという点である。この時点では 40％の完成車輸入関税や
30％のエンジン輸入関税は残されたままであった。最初に乗用車輸入関税が引
き下げられたのは 1968 年のことで，このとき同 40％から 36％になった。関税

表 3-2　日本の自動車産業を取り巻く環境と主な政策（1945 年から 1981 年まで）

年	輸入政策			投資政策	国際経済環境
	数量割当	関税			
		乗用車	エンジン		
1945	外貨割当	40%	30%	外資規制	
1946	↓	↓	↓	↓	
1947	↓	↓	↓	↓	
1948	↓	↓	↓	↓	
1949	↓	↓	↓	↓	
1950	↓	↓	↓	↓	
1951	↓	↓	↓	↓	
1952	↓	↓	↓	↓	
1953	↓	↓	↓	↓	
1954	↓	↓	↓	↓	
1955	↓	↓	↓	↓	GATT 加盟
1956	↓	↓	↓	↓	
1957	↓	↓	↓	↓	
1958	↓	↓	↓	↓	
1959	↓	↓	↓	↓	
1960	↓	↓	↓	↓	
1961 自由化（トラック・バス）	↓	↓	↓	↓	
1962	↓	↓	↓	↓	
1963	↓	↓	↓	↓	
1964	↓	↓	↓	↓	OECD 加盟，IMF 8 条国移行，GATT ケネディラウンド～1967 年
1965 自由化（乗用車）	廃止	↓	↓	↓	↓
1966	—	↓	↓	↓	↓
1967	—	↓	↓	自由化（二輪車）	↓
1968	—	36%	↓	↓	
1969	—		↓	↓	
1970	—	34 ⇒ 20%	↓	↓	
1971	—	10%	15%	自由化（自動車）	
1972	—	8 ⇒ 6.4%	12%	↓	
1973	—	↓	6%	↓	GATT 東京ラウンド～1979 年
1974	—	↓	↓	↓	↓
1975	—	↓	↓	↓	↓
1976	—	↓	↓	↓	↓
1977	—	↓	↓	↓	↓
1978	—	0%	↓	↓	
1979	—	↓	↓	↓	↓
1980	—	↓	5.3%	↓	
1981	—	↓	0%	↓	

注：⇒は年途中での変更を示す。
資料：各種報道をもとに筆者作成。

はその後数度にわたり段階的に引き下げられ，1972年11月，乗用車関税は8%
から6.4%に下げられた。1977年12月に政府はGATT（関税と貿易に関する
一般協定）東京ラウンドの妥結を前に乗用車輸入関税撤廃を発表した。そして
1978年3月をもって日本の乗用車輸入関税はなくなり，今日に至っている。す
なわち1979年度から日本の自動車輸入から数量割り当ても関税もなくなった
のである。表3-2に上述の重要な政策を時系列で整理した。

通産省の自動車産業「青写真」と外圧

　通産省が描いた日本の自動車産業振興の青写真は，第一に国際競争からの保
護によって国内自動車産業の発展を促し，第二に国内メーカーには合併を勧め
て規模の経済性を発揮させ，第三に輸入自由化は，外資進出を防ぎつつ，段階
的に進めていく，というものであったと考えられる。

　この背景には，一つには当時の政府・通産省は国内企業をコントロールでき
ると考えていたこと，もう一つには米国のビッグ・スリー（フォード，GM，
クライスラー）による欧州メーカー買収があった。

　第一の点は通産省が1960年代初頭に国内メーカーに対して，合併による大
規模化，効率化を求めていたことに端的に表れている。通産省は自動車メー
カーの数を減らそうとしていたのである。こうした要求がなされたということ
は，通産省は自動車産業界をコントロールする権威と力があったということで
あろう。

　第二点目のビッグ・スリーによるヨーロッパ企業の買収を目の当たりにし
て，日本の自動車業界関係者のいわば経済ナショナリズムが刺激されたのだと
思われる。GMはドイツのオペルを買収，フォードも欧州に拠点を築いてい
た。そしてクライスラーはフランスのシムカを買収した。欧州自動車業界が
ビッグ・スリーの影響下に入っていくのを目の当たりにして，日本でも同種の
ことが起こることを懸念したようである。これで通産省はできる限り外資規制
の撤廃を遅らせようとしたのであろう。

　外圧はどのようなものだったのか。外圧には二つのレベルがあったと言える
のではないか。国際機関からの外圧と，米国からの外圧である。日本は1955年
にGATTに加盟した。1964年にはOECD（経済協力開発機構）にも加盟し，

IMF（国際通貨基金）8 条国となった。これらはいずれも先進工業国として，貿易や投資の自由化義務を負うということも意味している。先進工業国の義務は確かに通産省や自動車業界のリーダーは認識していて，いずれは自国市場の保護や外資規制は撤廃せねばならないという認識は共有されていたのではないだろうか。その時に向けて，一連の「準備」が行われていたのであろう。

　1960 年代ごろから日本の自動車の商品としての競争力が上がり始め，特に小型車の輸出増加がみられるようになった。このため通産省の青写真に対して自由化への外圧が高まってきた。国際機関の外圧に加えて，特に米国からの圧力が高まってきたのである。1967 年 12 月と翌年 1 月には日米自動車協議が開かれ，米国代表はここで四点の要求をした。第一に大型乗用車の関税削減，第二にエンジン及び主要部品の輸入自由化，第三に自動車税の削減，そして第四に資本取引の自由化である。こうした会議において通産省は，自動車分野の自由化の範囲を拡大するよう，圧力をかけられていた。

3.2.3　通産省の青写真と実際にとられた政策

　上に要約した通産省が実際にとった政策は，同省の「青写真」と外圧対応の妥協の産物であった。日本の国際的位置づけが変わったことも自由化の決断に影響した。この時期の日本政府は，自発的に自由化を行ったというよりも，多次元の外圧にさらされながら，残存する保護を取り除かざるを得なかったというのが実態ではなかったかと考えられる。通産省の主要自動車産業政策とそれらの帰結を表 3-3 に，またこの時期の自動車産業政策に影響を及ぼしたプレーヤーを図 3-2 にそれぞれ整理した。

　戦後の日本経済の復興・発展と自動車産業の本格的な立ち上がりもまた，「自信」が高まることで政策に影響を与えるようになった面もあるだろう。次節で述べるように，1960 年代末ごろには自動車輸出が大幅に伸びたこともあり，日本は世界第二位の自動車生産国になった。このことは日本の自動車産業のステークホルダーの意識を徐々に変え，保護はもはや必要ないという自信を醸成していったものと思われる。ただ，この期に及んでもなお，外資の日本進出への警戒感は根強かったと言わざるを得ない。（注：いずれは自由化が避けられないという認識はあった。しかし，ノックダウンによる外資の日本進出まで警戒し

表 3-3　自動車産業政策のねらいと現実

青写真	実際の政策
1) 輸入数量制限や関税によって輸入を抑制しながら国内生産を促す。	1960年代前半まで数量制限。関税は段階的に引き下げながらも 1978 年まで継続。
2) 国内メーカー同士の吸収合併によって，企業数を減らし，一社当たりの規模を拡大して，競争力を高める。	ほぼ失敗。企業は通産省の望み通り行動せず，吸収合併も限定的。
3) 外資進出を阻止し，段階的に輸入を自由化するにとどめる。	ほぼねらい通り実現。輸入は段階的に自由化され，1971 年まで投資も規制。

資料：筆者作成。

図 3-2　1960 年代の自動車産業政策形成に関係したプレーヤー

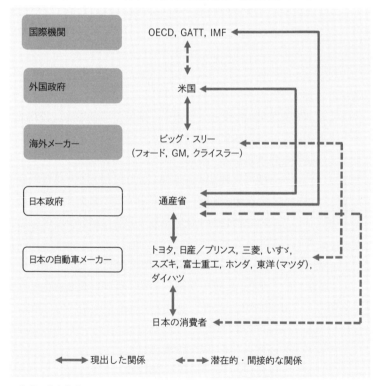

資料：筆者作成。

てエンジンその他の部品にまで輸入規制を行う有様だった。外資を規制する理由を見つけるために苦心していた跡がある。）

3.3　輸入から国内生産の立ち上がりと輸出へ

　この時期の日本の自動車産業のパフォーマンスを見てみよう。生産，輸出及び輸入を時系列で追って概要を見ていく。表 3-4 と図 3-3 に示すように，国内生産は 1950 年ごろに始まって，1960 年代に立ち上がり，1960 年代末に急成長して年産 200 万台を超えるようになった。この成長は，オイルショックの影響が出た 1974 年を除いて，1970 年代にも続いた。そして 1980 年には年産 700 万台を突破した。

　自動車産業の輸出転換は，国際市場での競争力が出ていることを示しており，幼稚産業からの「卒業」のサインの一つであると解釈できる。対米自動車輸出の第一号は 1958 年のトヨペット・クラウンだった。今日クラウンはトヨタブランドの最上位に位置する高級車として有名だが，最初期の輸出はうまくいかなかった。自動車ジャーナリストの小林（2011）は，クラウンが初めてアメリカに輸出されたこの時期はまだ，日本の「高級車」をもってしても品質において海外メーカーのものとは比較にならなかったと評している。確かに貿易データ上も輸出が伸び始めたのは 1960 年代末からである。1969 年には約 56 万台が輸出された。この年日本で生産された乗用車の約二割が輸出されたということになる。輸出は生産の増加とともにその後も伸び続けた。1980 年には 400万台近い乗用車が輸出された。生産の半分くらいが輸出されたことになる。

　輸入はどう推移したのだろうか。生産や輸出に比べて非常に小さいので，輸入は別に図 3-4 に示した。1950 年代を通して輸入は伸びず，1970 年代にようやく増えてきた。輸入は自由化されたものの，1980 年までの間で最も多かった年が 1979 年で 6 万 4 千台だった。日本は，時間をかけながらも自動車輸入を自由化したわけであるが，輸出と輸入の乖離が目立つようになる。第 2 章で論じたように，経済学的にそれ自体を問題にする必然性はないが，現実にはこれが米国との貿易摩擦へとつながっていく。貿易摩擦は次章で扱う。

表 3-4 戦後日本の自動車生産台数の推移

	乗用車	トラック	バス	計
1945	0	1,461	0	1,461
1946	0	14,914	7	14,921
1947	110	11,106	104	11,320
1948	381	19,211	775	20,367
1949	1,070	25,560	2,070	28,700
1950	1,594	26,501	3,502	31,597
1951	3,611	30,817	4,062	38,490
1952	4,837	29,960	4,169	38,966
1953	8,789	36,147	4,842	49,778
1954	14,472	49,852	5,749	70,073
1955	20,268	43,857	4,807	68,932
1956	32,056	72,958	6,052	111,066
1957	47,121	126,820	8,036	181,977
1958	50,643	130,066	7,594	188,303
1959	78,598	177,485	6,731	262,814
1960	165,094	308,020	8,437	481,551
1961	249,508	553,390	10,981	813,879
1962	268,784	710,716	11,206	990,706
1963	407,830	862,781	12,920	1,283,531
1964	579,660	1,109,142	13,673	1,702,475
1965	696,176	1,160,090	19,348	1,875,614
1966	877,656	1,387,858	20,885	2,286,399
1967	1,375,755	1,743,368	27,363	3,146,486
1968	2,055,821	1,991,407	38,598	4,085,826
1969	2,611,499	2,021,591	41,842	4,674,932
1970	3,178,708	2,063,883	46,566	5,289,157
1971	3,717,858	2,058,320	34,596	5,810,774
1972	4,022,289	2,238,340	33,809	6,294,438
1973	4,470,550	2,570,916	41,291	7,082,757
1974	3,931,842	2,574,179	45,819	6,551,840
1975	4,567,854	2,337,632	36,105	6,941,591
1976	5,027,792	2,771,516	42,139	7,841,447
1977	5,431,045	3,034,981	48,496	8,514,522
1978	5,975,968	3,237,066	56,119	9,269,153
1979	6,175,771	3,397,214	62,561	9,635,546
1980	7,038,108	3,913,188	91,588	11,042,884

資料:『自動車統計年報』各年版。

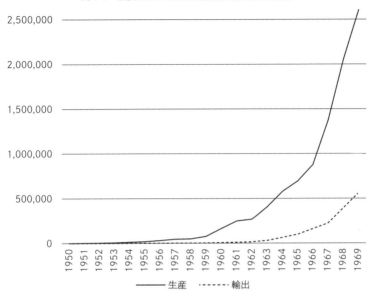

図 3-3　戦後日本の自動車生産及び輸出台数の推移

資料：『自動車統計年報』各年版より筆者作成。

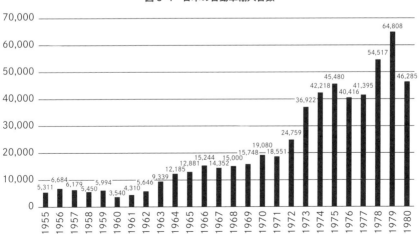

図 3-4　日本の自動車輸入台数

資料：日本自動車輸入組合統計より筆者作成。

3.4　自動車保護は成功だったのか

　幼稚産業保護政策を評価するためには，第一にどのような保護がどれくらい
の期間続けられたのか，第二に保護の期間に生産コストは下がったのか，とい
うことを問う必要があろう。これまで第一の点について論じてきた。本節では
第二の点についてデータをみていく。

　経済評論社編（1965）の資料によれば，1965年のフォルクスワーゲン1,200cc
乗用車の日本での販売価格は90万円で，同クラスの日産ブルーバードの58.3
万円を上回っていた。ただフォルクスワーゲンのドイツでの販売価格を円換算
すると34.4万円に過ぎなかった。90万円と34.4万円の価格差は，輸送費をは
じめとする貿易コストに加えて40％の関税によるものと考えられる。図3-5に
フォルクスワーゲンの日本での販売価格90万円の内訳を推計したものを示す。
FOB価格は46万円，日本までの輸送費と保険が7万円，これらに対して40％

図3-5　フォルクスワーゲン1,200cc乗用車の販売価格コスト構成の推計

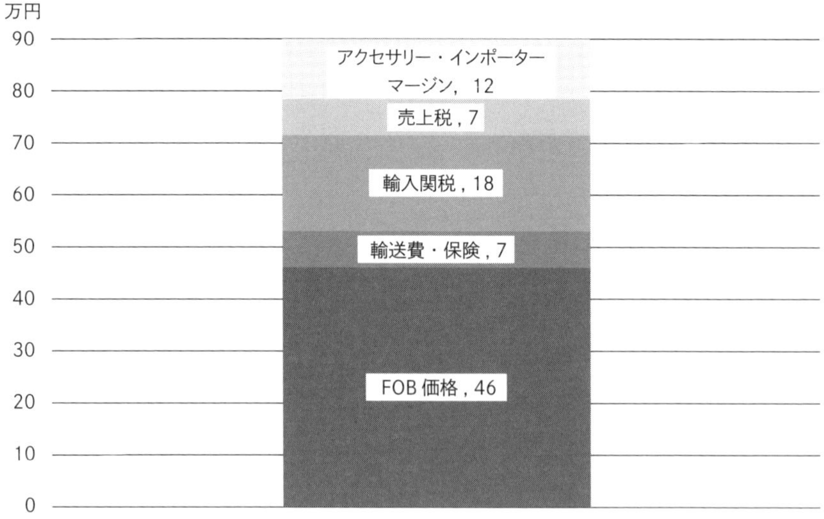

資料：経済評論社編（1965）をもとに筆者推計・作図。

相当の関税が約 18 万円，さらに売上税が 7 万円，また各種アクセサリーや輸入業者のマージンとして 12 万円が上乗せされていたと推計される。

　ここから次の二点が読み取れる。一つは保護は有効であったという点である。40％の関税がなければフォルクスワーゲン車は 72 万円で販売可能であったわけである。当時の日本車と欧州車の品質差を考えると，もし保護がなければ日本市場でフォルクスワーゲンはもっと売れたはずである。二つ目はフォルクスワーゲン車の FOB 価格が 46 万円だったということは，日産ブルーバードは当時国際市場ではまだ競争できなかったであろう点である。

　このように 1960 年代中頃においてはまだ日本車の生産コストが相対的に高かったとみられるが，少し期間をとってみてみると，コストは低下してきていたことが分かる。山澤（1986）によれば，1959 年に日産ブルーバードは 59.5 万円だったが，1976 年になっても販売価格は 61.9 万円で，この間わずか 3.8％しか上がっていない。対してこの間消費者物価は 230％も上昇している。よって日産ブルーバードの相対価格は 31.5％低下したことになる。乗用車が「手が届く」商品になってきたのである。

　以上のことから幼稚産業保護政策の観点から，当初海外製品に太刀打ちできなかった日本の自動車は効果的な保護を与えられ，その間，相対的なコストダウンを果たした，ということは言えそうである。これをもって幼稚産業保護政策は成功したと評価できるだろうか。

　ブラジルでもコンピュータ産業の保護が行われたことがある。1977 年のことである。同国のコンピュータ産業育成のため，輸入も外資もシャットアウトされ，保護政策は 1990 年代まで続けられた。Luzio and Greenstein（1995）はそのインパクトを研究したが，ブラジルのコンピュータ産業はいつになっても海外の企業に追いつくことはなかったことを明らかにしている。ブラジル製コンピュータのコストダウンは進まず，海外製よりも高いままで，保護政策はブラジルの経済厚生にネットでマイナス影響を残したのである。

　日本の自動車産業のケースはブラジルのコンピュータとは明らかに違い，成果を上げたように見える。コスト構造からみて，「有効」な保護が行われていたと考えられる。日本の自動車産業は保護の間に発展し，コストダウンが進み，輸入から輸出に転じた。同時にちょうど自動車が輸出産業となり始めた

頃，自由化が始められ，やや時間をかけながらも保護は撤廃された。よって幼稚産業保護政策が自動車産業の発展に寄与した可能性はある。それでも因果関係があるかどうかについては，本章のデータからは断言できない。例えば日本経済の発展と国民の所得水準向上が自動車需要を伸ばしたといった別の経路から自動車産業が発展したとも考えられるからである。

第3章のまとめ

・戦後日本の自動車産業は外貨規制と関税及び外資規制の多重の保護下にあった。
・しかし，1960年代の中頃には日本の国際的位置づけが大きく変わるとともに，自動車産業が離陸し始める中で外圧も高まり，自動車産業政策も保護から自由化へと転換した。
・日本車はコストと品質においてまだ輸入車に劣っており，これに対して有効な関税保護が行われている一方で，1965年には外貨規制が撤廃された。
・このように「ほんの少し早め」の自由化で日本メーカーに生産性・品質向上を促した効果があったのではないか。
・自由化のプロセスは日本の自動車産業の発展段階によくシンクロナイズされていた。自由化が大幅に遅れることがなかった点が重要である。
・自由化が遅れていれば，自動車産業がそれほど発展せず，ブラジルのコンピュータのように死荷重を継続的に発生させていたかもしれない。

第4章

貿易摩擦・自動車輸出自主規制（VER）の顛末と経済的評価

本章のねらい

　本章では1981年にスタートし，最終的に1994年まで実施された日本の自動車輸出自主規制（voluntary export restraint, VER）を振り返り，再検討する。米国政府，米国メーカーおよび労働組合が当初日本に求めたものは何だったのか。日米交渉では何が合意され，実施されたのか。そして日本メーカーがどう対応したのかについて，貿易統計や米国市場統計などを見ながら論じる。

　自動車VERは多方面から大きな注目を集め，国際貿易の研究者らによっても精力的に研究が行われた。当時の静学的枠組みからの分析はいかに米国にとってVERが経済厚生を下げることになったかという試算が続々と示された。本章でもこれらの経済的評価がいかなるものであったのかを整理する。その上で本書では近年国際貿易理論から派生した，Krugman（1991）以降の空間経済学・集積の理論を用いて，VERの経験を長期的な視点から再検討すると，全く異なる見方も可能であることを提示する。

4.1　1974年の外圧

4.1.1　全米自動車労働組合（UAW）の日本ミッション

　日本の自動車市場自由化への圧力をかけていた米国サイドが日本の対米自動車輸出を牽制し，行動を始めたのは1974年頃である。同年初めUAW（United

Auto Workers）代表のレオナルド・ウッドコック（Leonard Woodcock）は保護主義を掲げて米国市場における輸入車シェアを現状維持で固定しようとしたことが，業界関係者にショックを与えた。表4-1に示す通り，この年の米国市場での輸入車シェアは合計で15.8％であった。海外ブランドの中ではフォルクスワーゲンがトップシェア（3.8％）でトヨタが二番手で2.7％であった。

　保護主義に転換した背景は何だったのか。米国自動車メーカーは経営難に陥っていた。ちょうどオイルショック直後で，米国メーカーの販売が落ちる中，輸入車のシェアが高まっていたのである。ガソリン価格が高止まりして，

表4-1　米国乗用車市場におけるメーカー別販売台数とシェア

台数

	1972	1973	1974	1975	1976	1977	1978	1979	1980	1981
GM	4,823,827	5,073,296	3,695,534	3,747,009	4,800,716	5,148,131	5,385,282	4,917,911	4,116,482	3,796,696
フォード	2,667,794	2,672,022	2,214,658	1,983,723	2,256,277	2,552,210	2,582,702	2,140,368	1,475,231	1,380,600
クライスラー	1,517,610	1,528,540	1,203,636	997,116	1,301,940	1,219,752	1,146,258	942,205	660,017	729,873
AMC	312,271	395,831	335,093	322,272	247,640	184,361	170,739	162,057	149,438	136,682
VW（アメリカ生産）	—	—	—	—	—	—	23,017	165,514	177,084	162,005
トヨタ	295,915	289,378	238,135	278,103	346,900	493,048	441,800	507,816	582,195	576,491
日産（ダットサン）	187,513	231,191	185,162	259,842	270,103	388,383	339,364	472,252	516,890	464,806
東洋（マツダ）	52,969	104,960	61,192	65,650	35,350	51,637	75,309	156,535	161,623	166,087
三菱	34,057	35,523	42,925	60,356	78,933	50,133	58,722	75,348	77,106	68,144
スバル	24,056	37,793	22,980	41,591	48,928	80,826	103,274	127,871	142,968	152,062
ホンダ	20,500	38,957	41,719	102,389	150,929	223,633	274,876	353,291	375,388	370,705
いすゞ	—	—	—	—	6,483	29,067	19,222	13,815	—	17,805
VW	495,894	480,355	336,472	269,024	203,518	262,932	219,414	129,779	92,382	82,905
その他輸入	502,802	529,904	470,496	494,517	357,970	494,731	470,432	494,922	449,335	428,993
輸入計	1,613,706	1,748,061	1,399,081	1,571,472	1,499,153	2,074,390	2,002,413	2,331,629	2,397,887	2,327,998
合計	10,935,208	11,417,750	8,848,002	8,621,592	10,105,726	11,178,844	11,310,411	10,659,684	8,976,139	8,533,854

シェア

	1972	1973	1974	1975	1976	1977	1978	1979	1980	1981
GM	44.1%	44.4%	41.8%	43.5%	47.5%	46.1%	47.6%	46.1%	45.9%	44.5%
フォード	24.4%	23.4%	25.0%	23.0%	22.3%	22.8%	22.8%	20.1%	16.4%	16.2%
クライスラー	13.9%	13.4%	13.6%	11.6%	12.9%	10.9%	10.1%	8.8%	7.4%	8.6%
AMC	2.9%	3.5%	3.8%	3.7%	2.5%	1.6%	1.5%	1.5%	1.7%	1.6%
VW（アメリカ生産）	—	—	—	—	—	—	0.2%	1.6%	2.0%	1.9%
トヨタ	2.7%	2.5%	2.7%	3.2%	3.4%	4.4%	3.9%	4.8%	6.5%	6.8%
日産（ダットサン）	1.7%	2.0%	2.1%	3.0%	2.7%	3.5%	3.0%	4.4%	5.8%	5.4%
東洋（マツダ）	0.5%	0.9%	0.7%	0.8%	0.3%	0.5%	0.7%	1.5%	1.8%	1.9%
三菱	0.3%	0.3%	0.5%	0.7%	0.8%	0.4%	0.5%	0.7%	0.9%	0.8%
スバル	0.2%	0.3%	0.3%	0.5%	0.5%	0.7%	0.9%	1.2%	1.6%	1.8%
ホンダ	0.2%	0.3%	0.5%	1.2%	1.5%	2.0%	2.4%	3.3%	4.2%	4.3%
いすゞ	—	—	—	—	0.1%	0.3%	0.2%	0.1%	—	0.2%
VW	4.5%	4.2%	3.8%	3.1%	2.0%	2.4%	1.9%	1.2%	1.0%	1.0%
その他輸入	4.6%	4.6%	5.3%	5.7%	3.5%	4.4%	4.2%	4.6%	5.0%	5.0%
輸入計	14.8%	15.3%	15.8%	18.2%	14.8%	18.6%	17.7%	21.9%	26.7%	27.3%
合計	100.0%	100.0%	100.0%	100.0%	100.0%	100.0%	100.0%	100.0%	100.0%	100.0%

　資料：自工会『主要国自動車統計』より筆者集計。

物価が上昇する中，アメリカの消費者の実質賃金は低下していた。アメリカの自動車需要は燃費の良い小型車にシフトして，ビッグ・スリーには不利であった。米国自動車産業では20万人の労働者がレイオフされるなど，雇用危機にもつながっていた。こうした状況下で，非難の矛先は日本と西ドイツに向かったとみられる。

経済評論社編（1975）によれば，1974 年 3 月に UAW は国際部長ハーマン・レブハン（Herman Rebhan）を日本に派遣して，通産省や全日本自動車産業労働組合総連合会（自動車総連）を含めた日本の業界関係者と会談を持った。そのねらいは日本側に自動車輸出自主規制を要求することにあった。自主規制の内容は，1975 年 9 月まで対米自動車輸出を過去三年間の平均輸出量に制限するというものであった。同様の自主規制は西ドイツにも打診され，米国側は日本と西ドイツがこの規制を受け入れれば他国もそれに倣うだろうとみていた模様である。

輸出自主規制が実際に開始されたのは 1981 年だが，実はこの時点ですでに UAW からの要求という形で計画は存在していたわけである。UAW の要求の背景には，あたかも前章の幼稚産業保護論の如く，輸出自主規制が実施されている間に，ビッグ・スリーも時代に即した小型で経済性に優れる車種を開発して，アメリカの労働者の雇用環境も改善されるだろうという算段があったものとみられる。

なぜアメリカ側が輸入規制をするのではなく，日本側の輸出規制という形をとろうとしたのだろうか。実際，アメリカの有力議員の間に輸入規制の法制化の動きがあり，1974 年には下院で自動車輸入の一時規制法案が出された。翌年にはアメリカ財務省が自動車のダンピング調査を行っている。しかしレブハンによれば，UAW はそれまで自由貿易の立場をとっていたため，日本側の輸出自主規制という形にした方が体面上好ましいと考えていたようである。

4.1.2 欧州からの圧力

日本車の輸入規制の動きは欧州でも出てきた。1974 年 10 月，自動車製造販売協会（Society of Motor Manufacturers & Traders, SMMT）のレイモンド・ブルックス卿（Sir Raymond Brookes）は日欧自動車貿易の不均衡（日本の大

幅な輸出超過）と日本の非関税輸入障壁を批判した。SMMT は EC 委員会に日本車のダンピングに関する調査を要請した。同委員会はこれをイギリスの問題だとして却下したため，SMMT は 1975 年 5 月，今度はイギリス商務省に同調査要請を持ち込むも同年 10 月，却下された。しかし何らの行政の対応もなかったわけではなく，イギリス商務大臣ピーター・ショア（Peter Shore）が 1975 年 9 月に日本を訪問して，対英自動車輸出に上限を設けるよう日本側に要請した。日本側はこれに応じ，対英輸出を前年水準に抑えることとした。すなわち対米輸出自主規制が始まる前に対英輸出規制が実施されていたということになる。

　イギリスを始め，ヨーロッパ主要国に関しては EC（後に EU）委員会と日本の通産省が毎年協議をして日本からの自動車輸出台数の枠を決めるという日本車輸出枠（モニタリング）協議が実施された。輸出枠は市況や輸出実績値，そして日本メーカーの現地生産状況なども勘案して決められ，1999 年末まで毎年 100 万台弱から 120 万台強の水準に設定されていた。

4.1.3　日本の対応と米国からの第二波

　日本は対英輸出規制に応じたものの，アメリカの要求には反論した。日本の反論は，アメリカの自動車産業の苦境が日本や西ドイツからの輸出にあるとするのは理解に苦しむ，ガソリン価格の上昇とオイルショック後に需要が小型化する中で，ビッグ・スリーの車種が大型車中心であったためにアメリカ自動車産業が苦境にあるのだと主張した。日本側はグローバルビジネスを拡大するビッグ・スリーが UAW の対日要求に同意しているのかどうかが疑問であった。

　1970 年代前半のアメリカ側からの圧力にもかかわらず，アメリカ市場における日本車のシェアは拡大を続けていく。図 4-1 は日本からの対米乗用車輸出の推移を示したものである。1976 年に対米輸出は初めて 100 万台を超え，1980 年まで伸び続け，同年 181 万台を記録した。対米輸出は UAW が日本に規制を働きかけはじめた頃の約 3 倍に達したことになる。

　対日要求の第二波がやってきたのは 1980 年ごろである。この時期になるとビッグ・スリー全社が赤字に転落，他方でアメリカ市場の輸入車シェアは 26.7% に達した。1980 年 6 月，UAW は米国国際貿易委員会（International Trade Commission, ITC）に 1974 年米国通商法 201 条発動を要請した。フォー

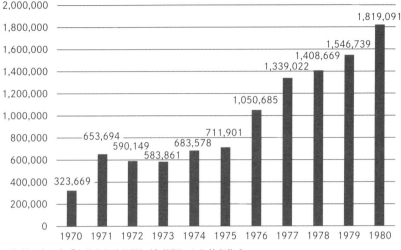

図 4-1　日本の対米乗用車輸出台数の推移

資料：自工会『自動車統計月報』（各月版）より筆者作成。

ドもまた同じ要求を ITC に出した。この第二波では労組とメーカーが一体となって日本車規制に動いたわけである。

　それでも日本側もすぐには折れなかった。日本の自工会は米国でキャンペーンを実施し，例えばニューヨーク・タイムズなどの影響力ある媒体で，米国の輸入規制は消費者に悪影響がある等，問題提起をした。またITCの公聴会でも自工会は，1) 日本車が不公平な価格設定をしていることの米国側の主張に根拠がないこと，2) 輸入車シェアの上昇は燃費プレミアムにあること，3) ビッグ・スリーも燃費が向上して輸入車と競争可能になっており，よって 4) 失業などの問題は輸入以外のところに問題がある，と主張した。1980 年 11 月，日本車のダンピングの疑いは晴れ，日本は米国からの第二波も凌いだかに見えた。

4.2　輸出自主規制（VER）の導入と実施

4.2.1　1981 年の対米自動車輸出自主規制の実施

　日本側が論破して終わったかに見えたが，1981 年 1 月のレーガン政権の誕生

から状況が劇的に変わった。新政権は日本側に対米自動車輸出自主規制を要求
し，アメリカ通商代表部（United States Trade Representative, USTR）の
ウィリアム・ブロックと通産省の交渉が始まった。1981 年 4 月，ブロックと田
中通産大臣が自主規制に合意した。当初の合意内容は以下の通りであった。

　日本政府は三年間（1984 年 3 月まで）日本のメーカーに対して対米乗用車輸
出を月次で通産省に報告し，モニタリングを行う。そして，

● 初年度（1981 年 4 月から 1982 年 3 月まで）は対米乗用車輸出上限を 168
　 万台に設定する
● 二年目（1982 年 4 月から 1983 年 3 月まで）は同 168 万台プラス市場成長
　 分の 16.5％とする。
● 三年目（1983 年 4 月から 1984 年 3 月まで）については，二年目の終わり
　 に規制を継続するか否かを米国市場の状況等を勘案して議論する。
● いかなる状況においても 1984 年 3 月までに規制は撤廃する。

　輸出規制とは別に日本側は次のような輸入促進策も講じた。一つ目は輸入車
への日本の 1978 年排ガス規制適用の二年間猶予，二つ目は輸入車の型式認定
の手続き簡素化，三つ目は，前章で解説した自動車輸入関税撤廃，四つ目が輸
入車ディーラーのユーザンス（輸入代金支払い猶予期間）の 120 日から 180 日
への延長である。

4.2.2　二年目以降の輸出自主規制

　1982 年 3 月，二年目は上限 168 万台で合意された。三年目の取り決めがどう
なるか，注目が集まった。というのも 1983 年にビッグ・スリーの経営状況が大
幅に改善したからである。1980 年はビッグ・スリー合計で 40 億ドルの赤字で
あったものが，同計 63 億ドルの利益を上げた。このため日本側には輸出自主規
制の緩和や撤廃への期待もあった。

　1982 年 12 月，米国市場で販売される自動車の自動車部品の一定割合を米国
内で生産することを義務付けるローカル・コンテント法案がアメリカ下院を通
過した。上院では否決・棚上げとなったが，翌年 2 月に再び同法案が提出され
た。アメリカに保護主義の機運が根強かったことを示している。このような背
景もあり，結局自主規制三年目も前年同様，上限は 168 万台になった。議会，

UAW そしてビッグ・スリーからの圧力は翌年一層強まった。田中通産大臣が
1981 年に発表したように，もともと輸出自主規制は 1984 年 3 月をもって終了
するはずだったものが，1983 年 11 月の宇野通産大臣とブロック通商代表との
会議で上限を 185 万台に緩和するものの，四年目も継続することになったので
ある。ところが 1985 年 2 月になるとレーガン大統領は日本の自動車輸出自主規
制廃止を提案し，翌月には大統領自らがアメリカは日本に今後自主規制は求め
ないことを発表した。にもかかわらず，日本側はアメリカとの間で貿易摩擦が
再発することを恐れて，「自主的に」輸出自主規制を継続することにした。こ
れで自主規制は五年目（1985 年 4 月から 1986 年 3 月）に入った。1985 年 3 月，
村田通産大臣は上限を 230 万台として輸出自主規制を続けると発表した。さら
に翌 86 年 2 月には渡辺通産大臣がアメリカとの政治的経済的関係を考慮して，
次年度（六年目）に自主規制継続を発表した。このように自主規制は毎年更新
され，最終的に 1994 年 3 月まで続けられた。

　ようやく自動車輸出自主規制が撤廃された理由の一つには，並行して進めら
れていた GATT のウルグアイ・ラウンド交渉がある。輸出自主規制のような
貿易を歪める反 GATT 的政策はウルグアイ・ラウンドでは撤廃が求められて
いたのである。もう一つの理由は，次節で詳述するが，日本の自動車メーカー
によるアメリカでの現地生産である。現地生産の拡大によって，1980 年代の末
には日本からの対米輸出台数は自主規制上限を大幅に下回るようになっていた
のである。

4.3　日本メーカーの対応と展開・結果

　日本メーカーは，表 4-2 に示すように，毎年の規制上限台数を守って対米輸
出を続けた。しかし並行してアメリカでの現地生産を準備していたのである。
先鞭をつけたのはホンダだった。同社は 1978 年に設立されたアメリカでの子
会社 HAM（Honda of America Manufacturing, Inc.）で 1982 年から「アコー
ド」の現地生産を開始した。これに日本の各メーカーが一斉に続いた。図 4-2
に当時の各社の動向を整理した。同図に示すように日産は 1980 年 7 月に

表4-2　日本メーカーの対米輸出と米国現地生産の推移

	対米自動車輸出台数実績値*	VER上限**	重要会合・発表	日本メーカーの現地生産	日本メーカーによる現地生産台数合計*
1974	683,578	—	レブハン（UAW ミッション来日）	—	—
1975	711,901	—	ショア（イギリス商務大臣来日）	—	—
1976	1,050,685	—	—	—	—
1977	1,339,022	—	—	—	—
1978	1,408,669	—	—	—	—
1979	1,546,739	—	—	—	—
1980	1,819,091	—	—	—	—
1981	1,761,403	1,680,000	ブロック・田中会談；田中（VER実施発表）	—	—
1982	1,691,806	1,680,000	—	HAM（ホンダ）	—
1983	1,697,852	1,680,000	ブロック・宇野会談	NMMC（日産，小型トラック）	55,335
1984	1,851,855	1,850,000			138,572
1985	2,215,811	2,300,000	レーガン（VER終了発表）；村田（VER継続発表）	NUMMI（トヨタ），NMMC（日産，乗用車）	253,748
1986	2,348,456	2,300,000	渡辺（VER継続発表）	—	508,400
1987	2,204,653	2,300,000	—	MMUC（マツダ）	489,343
1988	2,051,318	2,300,000	—	TMM（トヨタ），DSM（三菱）	697,429
1989	1,944,281	2,300,000	—	SIA（富士重工・いすゞ）	1,016,365
1990	1,876,055	2,300,000	—	—	1,218,072
1991	1,763,287	2,300,000	—	—	1,260,746
1992	1,584,468	1,650,000	—	—	1,341,675
1993	1,454,553	1,650,000	—	—	1,454,748
1994	1,441,858	—	VER終了	—	1,669,780
1995	1,149,699	—	—	—	1,745,558

注：＊は暦年ベース，＊＊は年度ベース。日米合弁生産車の扱いによって生産台数は異なりうる。
資料：各種報道及び自工会『主要国自動車統計』より筆者作成。

図4-2　日本メーカーの米国現地生産の展開

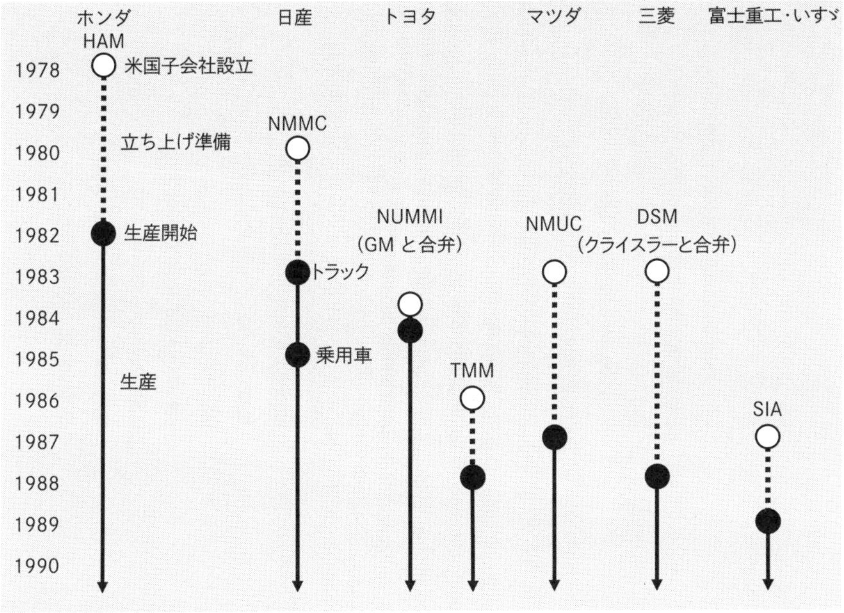

資料：各社広報資料をもとに筆者作成。

NMMC（Nissan Motor Manufacturing Corporation U.S.A.）を設立して，1983年に小型トラック生産に乗り出す。同社は1985年から乗用車生産も始めた。トヨタは初めにGMとの合弁でNUMMI（New United Motor Manufacturing, Inc.）を設立し，1984年に乗用車生産を開始，続いて独自にTMM（Toyota Motor Manufacturing, U.S.A., Inc.）のような現地生産会社を設立して生産を拡大していった。トヨタとホンダはのちにカナダでも生産を始めた。他の小規模なメーカーもほぼ同時期に現地生産を開始した。マツダ，三菱，富士重工といすゞは合弁会社を見つけて生産を始めた。マツダはMMUC（Mazda Motor Manufacturing USA Corporation, Inc.）で1987年にフォードと協業で生産を開始，三菱はクライスラーとの合弁でDSM（Diamond-Star Motors Corp.）を設立して1988年からマツダと同様にマツダ車とクライスラー車の両方を生産する形をとった。富士重工といすゞはSIA（Subaru-Isuzu Automotive, Inc.）を設立して1989年末から生産を開始した。

図4-3　米国乗用車生産台数の推移

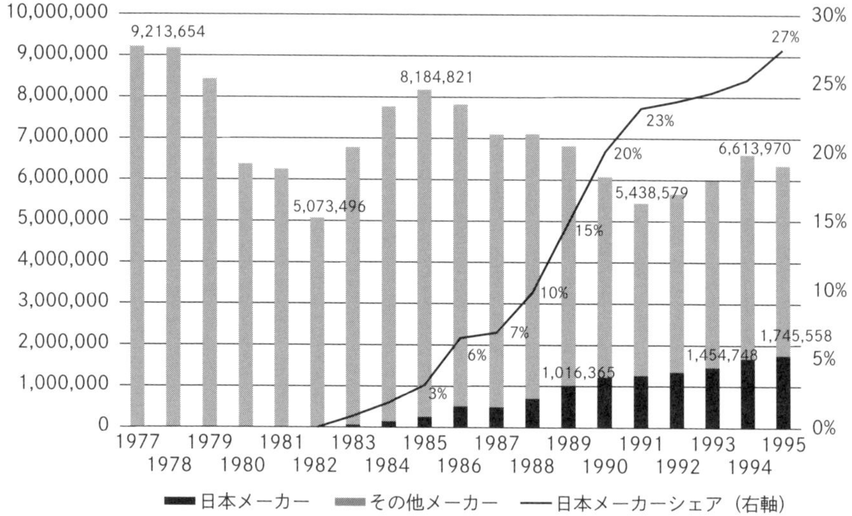

資料：自工会『主要国自動車統計』より筆者集計・作図

　日本メーカーの進出状況のポイントは，第一に輸出自主規制開始のわずか一年後には現地生産が始まっていたこと，第二に1980年代の終わりまでには日本のほぼ全メーカーが進出して生産を始めたこと，そして第三に，実際，表4-2に示したように1993年には初めて日本メーカーの現地生産が対米輸出を上回ったことである。（そしてこの年輸出自主規制が終了した。）第一の点は輸出自主規制実施の相当前から現地生産の準備をしていたことを意味している。図4-3は米国の乗用車生産に占める日本メーカーの生産分を示したものである。同図からアメリカでの日本メーカーのプレゼンスの変化が読み取れよう。1995年日本メーカーはアメリカで約175万台を生産するに至った。アメリカの自動車生産の27.5％を占めたことになる。

4.4　対米自動車輸出自主規制の経済的評価

　輸出自主規制は学術研究者からも当時高い注目を集めた。経済分析が解き明

かしたのは，日本側が輸出を制限することによって生じたアメリカ側への見え
ないコストであった。以下に主要な研究結果を紹介する。

　完全競争下では，輸入を規制すると生産者余剰の増加と関税収入（数量制限
の場合はレント）を上回る消費者余剰の損失が発生して，ネットでは輸入国に
経済厚生上の損失が発生する。輸出自主規制の場合には輸入業者が得るはずの
レントを輸出国が得ることになるため，輸入国の純損失はさらに大きくなる。
Dinopoulos and Kreinin（1988）や Feenstra（1992）はこうした理論予測を実
証的に計測した。

　Dinopoulos と Kreinin（1988）は日米のみでなく欧州を加えて自動車輸出自
主規制の影響を推計した。彼らによると，自主規制が実施されたとき，欧州車
のアメリカ向け価格が引き上げられた。このため1982年にアメリカは日本に
対して23億ドルの損失が発生したのに加えて，欧州に対しても15億ドルの損
失があったとしている。（1984年については対日24億ドル，対欧州34億ドル
の損失を計測している。）一方米国内での損失は2.08億ドルであった。よって
1982年アメリカの2万2,358人の雇用維持のために要した経済損失の合計は40
億ドルを超えたことになる。すなわち一人の雇用を守るために18万ドルを費
やしたと換算できる。

　Feenstra（1992）はアメリカのような経済規模の大きな国が輸入規制をする
と輸出国にも悪影響があるという点に着目した。輸出国は需要減少に直面する
からである。Feenstra の推計では1980年代中頃の輸入制限でアメリカ経済に
は2億ドルから12億ドルの死荷重が発生，数量制限に伴って発生する22億ド
ルから79億ドルのレントが日本をはじめとする輸出国へ移転され，海外では
最大30億ドルの死荷重が発生していた可能性があると推計した。

　Feentra（1984, 1988）は他にも輸出企業の行動に着目した実証研究も行って
いる。輸入数量（自動車では台数）の規制を受けた企業は，高品質の，あるい
はより単価の高い車種の輸出に切り替えるのではないかというものである。
1979年から1985年までのデータを使って，Feenstra はその仮説を検証した。
すると確かに輸出自主規制開始後，日本メーカーは対米輸出の大型車へシフト
していることも確認されたのである。

　Dixit（1988）はアメリカの自動車産業の理論モデルを構築してシミュレー

ション分析をした。このモデルには米国製と日本製の二種類の自動車が想定されている。これに簡単な需要構造と生産技術を導入し，カリブレーションを行って，このモデルが1979年と1980年のデータを再現できるように設定した。輸入制限前のアメリカの日本車への関税は最恵国待遇に基づき2.9％であったが，Dixitはこのモデルを使い，アメリカ政府が貿易政策を変えることでアメリカの経済厚生を高められる余地があったのかどうかを推計した。この研究からは1,700万ドルから3億ドルの利益を上げられたのではないかと推計された。

　その後，自動車産業特有の購買行動や企業行動を考慮に入れて，分析をより精緻化した研究が行われるようになる。Goldberg（1994）はアメリカ自動車産業の構造モデルを構築・推計した。このモデルは自動車需要面では多段階の離散選択（discrete–choice）モデルになっており，供給面は寡占企業が製品差別化して供給することが考慮に入れられた。需要サイドのモデルはアメリカの消費支出調査データを使って推計され，これによって所得水準の異なる家計の自動車購買行動の違いなどが反映されるようになっていた。アメリカの自動車メーカーの販売は1983年，1984年及び1987年に増加したが，その伸びは日本車の減少分よりも小さなものであった。同時にドイツ車も販売を伸ばしたが，市場全体は縮小した。よって，輸出自主規制のアメリカ自動車産業への生産，雇用，販売への影響は限定的であった。Goldberg（1994）の分析からは，これは第一に需要の一部がドイツ車にシフトしたこと，第二に輸出自主規制による自動車価格の上昇によって低所得層が新車購入をあきらめたことによると考えられる。これに対して輸出自主規制の価格効果は大きかったことが分かった。一部の消費者が新車市場から離れたことと，大型車の相対価格が下がったことで，市場が全体として大型車にシフトした。これは高価格帯へのシフト（quality upgrading）が起こったものと解釈できる。

　Berry（1999）らも自動車産業の寡占モデルを使って輸出自主規制の影響を推計した。彼らの発見によると，輸出自主規制によって自動車価格が上がり，アメリカの自動車メーカーの利益を100億円ほど押し上げた（但し，標準偏差SEが70億ドル程度）ものの，消費者の損失を考慮するとアメリカの純損失が30億ドル程度発生した（但し，標準偏差SEが75億ドル程度ある）と考えられる。さらに彼らは日本側の輸出自主規制ではなく，アメリカが輸入関税を課

していたらどうなっていたかを推計した。関税であればアメリカに関税収入が
発生することも考慮に入れると，関税化によってアメリカの経済厚生は83億
ドルほど上昇していたという結果になった（但し，ここでも標準偏差 SE が 83
億ドル程度）。

　Feentra（1984, 1988）が指摘したように，日本の自動車メーカーは自主規制
に対してまずは車両の大型化で単価を上げるという行動をとった。同時に取り
うる戦略としてアメリカへの直接投資，現地生産があった。中には輸出自主規
制実施前にそれを計画・準備していたメーカーもある。そして，表 4-2 及び図
4-2 に示したように，事実上全社がそれを実行した。

　これまでの自動車輸出自主規制評価の主眼は，静学的分析，すなわち，今あ
る経済構造を前提にして，輸出が減らされた結果，どれほどの経済厚生上の
（負の）インパクトがあったのかを推計することにあった。しかし 90 年代に一
気に日本メーカーのアメリカ現地生産が進み，それから 30 年近くが経過した
今，アメリカは市場としてのみならず生産地としても日本の自動車メーカーに
とって非常に重要なものとなっている。貿易摩擦と輸出自主規制に端を発する
このダイナミズムは何をもたらしたのか，今日的視点から再評価をする必要が
あると考える。学術的にもこの間，国際貿易理論では国際生産要素移動の動態
を加えた新経済地理（new economic geography）が発展してきた。次節では新
経済地理の空間経済学・集積理論の観点から自動車産業立地変化の長期的な含
意を考える。

4.5　集積理論からみた自動車輸出自主規制の評価

4.5.1　アメリカ大統領の「ここで造れ！（Build them here!）」政策
　2017 年 1 月に就任した米国のトランプ大統領は，前任者たち同様，貿易赤字
を懸念し，米国の主要貿易相手国である中国，日本及び欧州との二国間貿易収
支をチェックしつつ，特に対中貿易に関しては具体的な輸入制限措置を発動し
始めている。日本政府は事を荒立てないように，慎重にこの問題に対処しよう
としているように見える。

　欧州に対し，トランプ大統領は 2018 年 6 月 23 日，「EU がアメリカとアメリカの偉大な企業や労働者に対して長らく関税や貿易障壁を課してきたが，これらが早急に取り除かれない限り，アメリカに入ってくる EU 自動車全てに 20％の関税を課す。ここで造れ！（筆者訳）」とツイートした。

　トランプ大統領は，その一方で米国で事業を営む外国企業を大歓迎している。このツイートの五日後，大統領は台湾の電子機器メーカー・フォックスコン（Foxconn）がウィスコンシン州に工場の新設投資をして 1 万 3,000 人を雇用することを称賛している。

　それと同時に，トランプ大統領は米国企業が海外に出ていかないよう監視・牽制しているようである。2018 年 9 月 8 日，彼は「アップル社は，中国製品への輸入関税を逃れたければアメリカで生産すべきだ。（筆者訳）」とツイートしており，同様にハーレー・ダビッドソン社の計画する生産の一部海外移管への失望もツイートしている。

　トランプ大統領の「ここで造れ！」政策のねらいは明らかである。輸入品を締め出して，他方で外国の対米直接投資を呼び込み，米国企業には米国にとどまるように要求して，あらゆる生産活動がアメリカで行われるようにしようというものである。しかし明らかでないのは，このような政策の実現可能性である。どのようにこの政策を実施するのだろうか。またこのような政策が実施されたとして，その含意は何か。「ここで造れ！」と強要することに意義はあるのだろか。

　この問題の検討には Martin and Rogers (1995) の footloose capital モデルが有用ではないかと考える。もともとこのモデルは国際間の産業立地への各国のインフラの影響を検討したもので，後に Baldwin et al. (2003) によって new economic geography の基本モデルの一つと認識されるようになったものである。footloose capital モデルは人の移動ではなく，文字通り，国際資本移動の産業立地変化を対象とするので，とりわけ「ここで造れ！」政策の分析に有用だと思われる。

　本節では footloose capital モデルの枠組みを借りて，まず，ある国（「自国」と呼ぶ）が輸入を締め出すと，自国の資本収益を増加させるが，他国（「外国」と呼ぶ）のそれを低下させることになることを示す。高い資本収益は自国への

外国投資（資本移動）を促し，自国への産業集積が起こる。これは「強制された集積」と考えることができる。国際間に輸送費などの貿易コストがあるため，自国への産業集積は，外国民を犠牲にして，自国民の生活コスト（製造品の物価水準）を引き下げることによって自国民の経済厚生を高め得る。この意味において「ここで造れ！」政策は現代版の近隣窮乏化政策でもある。

　したがって「ここで造れ！」政策は，自国民の経済厚生を優先する限りにおいては，自国に有用な政策となり得る，その意味で意義はあると言える。しかしながら強制された集積の実現とその持続に至るには，多くのハードルがある。第一のハードルは，自国による輸入品の締め出しに外国が報復しないことである。第二は，自国民は輸入締め出しによって，当面物価上昇による損失を被ることになるが，それに反対しないことである。第三は企業や資本所有者は経済的利益にのみ関心があり，高収益を狙って自国への投資・移転を行うということ（よって例えばナショナリズムといったものには影響されない）である。第四は，強制された集積が持続可能であること，すなわち，一旦自国に集積した外国資本は，外国に戻ることがなく，自国に留まるということである。

　これだけの条件が満たされて初めて「ここで造れ！」政策は自国に利益をもたらすので，現実にはありえない政策のように見える。しかし VER で日本の自動車メーカーが一斉にアメリカ生産を開始し，現在も大部分がアメリカに留まり，むしろ生産を拡大していることを目の当たりにすると，日米が特殊な関係にあることはさておき，全くあり得ないことでもなさそうである。

4.5.2　強制された集積（forced agglomeration）のモデル

　Martin and Rogers (1995) に従い，差別化商品が貿易される世界において，国際資本移動があるモデルを用いる。このモデルは後に footloose capital モデルとして，Baldwin et al. (2003) によって new economic geography の基本モデルとして位置づけられている。footloose capital モデルは，Helpman and Krugman (1985) の独占的競争下の差別化商品の貿易モデルに，Krugman (1991) の core–periphery（中心・周辺）モデルによる産業集積を組み合わせたものである。ただし Krugman のモデルが人の移動に着目したのに対し，Martin and Rogers のモデルは資本移動による集積・分散を対象としている。

（注：本章の他に第6章，第8章及び第9章で展開される一般均衡版の独占的競争モデルの成り立ちについては，拙著 Atsumi (2018) 第1章を参照いただければ幸いである。）

　同じ経済構造を持つ二国，「自国」と「外国」を想定する。各国に居住するのは各自一単位の労働を（非弾力的に）提供して所得を得て，消費を行う同質的な人々である。その人々の効用関数を

$$U = \frac{1}{\alpha^\alpha (1-\alpha)^{1-\alpha}} D^\alpha Y^{1-\alpha} \quad (1 < \alpha < 1) \tag{4-1}$$

とする。財は二種類ある。Yはニュメレール（価値尺度財），Dは多様な製品差別化品からなる合成財，すなわち

$$D = \left[\sum_{i=1}^{N} D_i^{1-1/\sigma} \right]^{\frac{1}{1-1/\sigma}} \tag{4-2}$$

とする。なお$\sigma > 1$，Nは両国で生産される差別化品の総数である。Nのうちn種類が自国で生産されており，残りの$N-n=n^*$は外国で生産されているとする。（以後，このように外国の変数には * を付ける。）自国の典型的な個人は，次の予算制約の下で効用を最大化すべく，D_iとYを選ぶ。

$$\sum_{i=1}^{N} p_i D_i + \sum_{j=n+1}^{N} \tau p_j D_j + Y = I \tag{4-3}$$

予算制約式（4-3）のpは差別化品の価格で，Iは個々人の所得である。Iは賃金（w）と資本からの収益からなる。資本からの収益は全員に均等に配分されるものとする。よって資本収益をrとし，自国の労働と資本ストックをそれぞれL, Kとすると，$I = w + rK/L$である。Baldwin et al. (2003) に倣い，Martin and Rogers (1995) の貿易コストの想定を単純化して，国内の取引コストは無視して，国際間の貿易コスト（τ）のみを導入する。すると（4-3）は，自国民が外国産のD_jを消費するためには，τD_jを購入しなければならない，ということを意味していることになる。

　生産面では差別化品は「工業部門」において生産される。工業部門では企業の設立には一単位の資本が必要である。これは企業の側からみると，固定費として資本レントrを支払うことを意味している。また，生産1単位当たりβの労働を要する。すると，企業の生産量がx_iのとき，費用関数は$C(x_i) = r + \beta w x_i$

と表せる。

　ニュメレール Y は収穫一定技術で生産され，Y 一単位の生産に一単位の労働が必要であるとする。Y を生産する企業は完全競争下にあり，Y には貿易コストはかからないものとする。

企業行動・消費者行動

　以上の仮定の下，ニュメレール生産部門では完全競争により限界費用に等しく価格が決まる。よってニュメレールの価格を1とすると，賃金 w も1となる。さらにニュメレールの貿易コストがゼロであることから，w は両国で1に等しくなる。次に工業部門では，企業は利潤最大化のため限界収入が限界費用に等しくなるように価格設定をする。$w=1$ で両国で技術の差がないため，どちらの国でも差別化品の限界費用は β となる。よって工業部門の企業は次のような価格設定をする。

$$p_i = p_j = \frac{\sigma \beta}{\sigma - 1} \equiv p \tag{4-4}$$

　消費者に関しては，消費者の効用最大化の一階の条件を求めると，国産差別化品と外国産差別化品への需要はそれぞれ

$$D_i = \alpha p^{-\sigma} G^{\sigma-1} I \tag{4-5a}$$

及び

$$D_j = \alpha (p\tau)^{-\sigma} G^{\sigma-1} \tau I \tag{4-5b}$$

となる。同様に，外国では

$$D_j^* = \alpha p^{-\sigma} (G^*)^{\sigma-1} I^* \tag{4-6a}$$

及び

$$D_i^* = \alpha (p\tau)^{-\sigma} (G^*)^{\sigma-1} \tau I^* \tag{4-6b}$$

である。各式の G は価格指数であり，

$$G^{\sigma-1} = [n_i p^{1-\sigma} + n_j (p\tau)^{1-\sigma}]^{-1} \tag{4-7a}$$

及び

$$(G^*)^{\sigma-1} = [n_j p^{1-\sigma} + n_i (p\tau)^{1-\sigma}]^{-1} \tag{4-7b}$$

である。これらを用いて，間接効用（ω）

$$\omega = I/G^\alpha, \quad \omega^* = I^*/(G^*)^\alpha \tag{4-8}$$

によって経済厚生を評価することができる。

ベンチマークとしての対称均衡

Baldwin et al.（2003）並びに new economic geography の慣例に従って，二国の対称性，すなわち両国の規模は同じで世界の総労働量（$\bar{L}$）と総資本量（$\bar{K}$）のちょうど半分が各国に存するとする。さらに各国民の所有する資本は，まず各国内で使用されているとする。このように仮定して対称均衡を導出する。

$w=1$ より工業部門の典型的な企業の生産量を x_i とすると，自国で操業する企業の利潤（π_i）は売上額マイナス固定・変動費であるから

$$\pi_i = p x_i - r - \beta x_i = \frac{\beta x_i}{\sigma - 1} - r \qquad (4\text{-}9)$$

となる。自由参入によって，r の上昇を伴いながら π_i はゼロとなる。よって（4-9）より均衡資本レンタルは

$$r = \frac{\beta x_i}{\sigma - 1} \qquad (4\text{-}10)$$

となる。また差別化品の市場均衡において

$$x_i = (D_i + D_j)(\bar{L}/2) \qquad (4\text{-}11)$$

が成立している。加えて対称性から $n = n^* = \bar{K}/2$，$G = G^*$ であるので，$I = I^* = 1 + r\,\bar{K}/\bar{L}$ である。ここで（4-5a），（4-6a），（4-7a）及び（4-7b）を使うと（4-11）は

$$x_i = \frac{\alpha(\sigma - 1)(\bar{L} + r\,\bar{K})}{\sigma \beta \bar{K}} \qquad (4\text{-}12)$$

となる。（4-12）を（4-10）に代入すると，対称均衡における資本レンタルは

$$r = r^* = \frac{\alpha}{\sigma - \alpha}\left(\frac{\bar{L}}{\bar{K}}\right) \equiv r_0 \qquad (4\text{-}13)$$

となる。r_0 はベンチマークにおける資本レンタルの水準である。経済厚生の水準は両国で等しく

$$\omega = \omega^* = \frac{\{1 + [\sigma/(\sigma - \alpha)](\bar{K}/\bar{L})\}}{\left\{[\sigma\beta/(\sigma - 1)][(\bar{K}/2)(1 + \tau^{1-\sigma})]^{\frac{1}{1-\sigma}}\right\}^{\alpha}} \equiv \omega_0 \qquad (4\text{-}14)$$

と表せる。

自国による輸入阻止の短期的効果

　ここからは Martin and Rogers（1995）のモデルを離れ，自国が輸入阻止を実施した場合の影響を検討する。自国は「ここで造れ！（Build them here!）」政策を，まず輸入阻止から始めるものとする。すなわち，「ここ（自国）で造れ！　さもなくば自国でのビジネスはさせない」というメッセージを送るのである。輸入阻止に対して外国から報復がなければ，自国企業は従来通り両国でビジネスができる上に，自国内では外国製品を締め出した保護市場を享受する。ここで導出する短期的効果とは，（国際資本移動を考慮する前の）輸入阻止の二国の経済厚生への効果である。

　外国の差別化品製造企業は自国への輸出ができなくなり，外国内でのビジネスしかできなくなる。すなわち，外国の典型的企業は（4-5b）の自国から同社製品への需要 D_j を失う。これより $x_j = D_j^*(\overline{L}/2)$ となる。(4-4)，(4-7b) と $I^* = 1 + r^*\overline{K}/\overline{L}$ を p，G^* 及び I^* にそれぞれ代入すると

$$x_j = \frac{\alpha(\sigma-1)(\overline{L} + r^*\overline{K})}{\sigma\beta(1+\tau^{1-\sigma})\overline{K}} \tag{4-15}$$

を得る。ゼロ利潤条件，すなわち $r^* = \beta x_j/(\sigma-1)$ を用いると，外国民が所有（かつ外国で操業）する資本の収益は

$$r^* = \frac{\alpha}{\sigma(1+\tau^{1-\sigma})-\alpha}\left(\frac{\overline{L}}{\overline{K}}\right) \tag{4-16}$$

となるが，これはベンチマークの r_0 より低い。よって，自国による輸入阻止は外国における資本の収益を下げることになる。また（4-16）より，貿易コストが低いほど（すなわち τ が1に近いほど）資本の収益の低下が大きくなる。これは外国企業にとって輸入阻止前の貿易コストが小さいほど，（輸入阻止によって失うことになる）輸入阻止前の自国からの需要が大きいからである。

　一方自国においては，競合輸入品がなくなるため価格指数 G が上昇する。すなわち競合輸入品がなくなり，（4-7a）の第二項の括弧内がゼロになって

$$G^{\sigma-1} = (n_i p^{1-\sigma})^{-1} = \left[\left(\frac{\overline{K}}{2}\right)p^{1-\sigma}\right]^{-1} \tag{4-17}$$

となる。(4-17) を (4-5a) に代入すると

$$x_i = (D_i + D_i{}^*)\left(\frac{\bar{L}}{2}\right) = \left[\frac{\alpha(\sigma-1)}{\sigma\beta\bar{K}}\right]\left[\bar{L} + r\bar{K} + \left(\frac{\tau^{1-\sigma}}{1+\tau^{1-\sigma}}\right)(\bar{L} + r^*\bar{K})\right]$$

(4-18)

を得る。さらに (4-18) に (4-16) を代入して

$$x_i = (D_i + D_i{}^*)\left(\frac{\bar{L}}{2}\right) = \left[\frac{\alpha(\sigma-1)}{\sigma\beta}\right]\left\{r + \left(\frac{\bar{L}}{\bar{K}}\right)\left[1 + \frac{\sigma\tau^{1-\sigma}}{\sigma(1+\tau^{1-\sigma})-\alpha}\right]\right\}$$

(4-19)

を得るが，(4-19) とゼロ利潤条件 (4-10) を使って，r について解くと

$$r = \left[1 + \frac{\sigma\tau^{1-\sigma}}{\sigma(1+\tau^{1-\sigma})-\alpha}\right]\frac{\alpha}{\sigma-\alpha}\left(\frac{\bar{L}}{\bar{K}}\right) = \left[1 + \frac{\sigma\tau^{1-\sigma}}{\sigma\tau^{1-\sigma}+\sigma-\alpha}\right]r_0 > r_0$$

(4-20)

を得る。よって自国では輸入阻止後に資本の収益が増加する。r^* とは逆に，貿易コストが低いほど輸入阻止後の r は高くなる。以上の，自国による輸入阻止の短期的影響を整理すると

$$r^* < r_0 < r$$

(4-21)

である。(4-21) は外国は，資本の収益の低下を通じた国民の所得低下により損失を被るということを示している。よって自国の輸入阻止後，外国では経済厚生が明らかに低下する。

　一方自国では，資本の収益上昇により国民の所得は上昇するものの，実質所得が上昇するかどうかははっきりしない。というのは，自国は外国製品を締め出したがために，消費者が購入できる差別化品の種類が減少しているからである。この点を精査してみよう。輸入阻止後の自国の経済厚生を ω_1 とし，ベンチマーク水準の経済厚生と比較した相対経済厚生を

$$\frac{\omega_1}{\omega_0} = AB$$

(4-22)

とする。ここで

$$Z \equiv 1 + \frac{\sigma\tau^{1-\sigma}}{\sigma\tau^{1-\sigma}+\sigma-\alpha}, \quad A \equiv \left[\frac{1+Zr_0(\bar{K}/\bar{L})}{1+r_0(\bar{K}/\bar{L})}\right], \quad B \equiv \left[(1+\tau^{-\sigma})^{\frac{\alpha}{1-\sigma}}\right]$$

であり，A は名目所得の上昇，B は失われる輸入品を表している。仮定により

$\sigma>1$, $0<\alpha<1$ 及び $\tau>1$ であるから，$Z>1$ で，$1<A<2$ かつ $0<B<1/2$,
すなわち（4-22）において $AB<1$ である。よって，実は（自らの輸入阻止に
よって）自国も損失を被ることになる。

「ここで造れ！」政策と国際資本移動による強制された集積（forced agglomeration）

　ここで外国は自国による製品締め出しに報復せず，自国民も輸入品締め出し
に「無反応」であるとしよう。なお，ここで無反応とは，例えば「我慢強い」，
「無関心」あるいは単に輸入品締め出しを「知らない」といったことが考えら
れる。よって自国は外国投資は歓迎しつつ，輸入品は完全に締め出すという政
策を取り続けられる。

　先に導出した短期均衡の $r^*<r$ は，「ここで造れ！」に呼応して，外国企業
は自国に移転し，高い資本レントを支払いつつ利益を上げることができるとい
うことを意味している。従って，長期において国際資本移動が可能であるとす
ると，（自国政府のねらい通り）世界中の資本が自国に移転して，自国で生産
活動を行うことになる。これを強制された集積（forced agglomeration）と呼ぶ
こととする。

　以下，強制された集積の均衡を導出する。世界中の資本が自国で操業するか
ら

$$n=\overline{K}, \quad n^*=0 \tag{4-23}$$

である。これより

$$G^{\sigma-1}=(np^{1-\sigma})^{-1} \tag{4-24}$$

および

$$(G^*)^{\sigma-1}=[n(p\tau)^{1-\sigma}]^{-1} \tag{4-25}$$

である。資本が外国から自国へ移動して生産拠点が変わっても，資本の所有関
係に変わりはないので，外国民は資本移動後も資本の収益を受け取る。よって
自国においても外国においても国民が受け取る資本収益は同じである。すなわ
ち

$$I=I^*=1+r\left(\frac{\overline{L}}{\overline{K}}\right) \tag{4-26}$$

が成立している。（4-24）から（4-26）までを（4-5a）と（4-5b）に代入すると，均衡における一社当たりの生産量（企業規模）が

$$x_i = (D_i + D_i^*)\left(\frac{\overline{L}}{2}\right) = \frac{\alpha(\sigma-1)}{\sigma\beta}\left(r + \frac{\overline{L}}{\overline{K}}\right) \tag{4-27}$$

と導出される。（4-10）のゼロ利潤条件を用いると，強制された集積の均衡における資本レンタルは

$$r = \frac{\alpha}{\sigma-\alpha}\left(\frac{\overline{L}}{\overline{K}}\right) \tag{4-28}$$

となるが，これは既に導出した r_0 に等しい。

強制された集積の均衡の安定性

　自国に世界の資本を強制的に集積させた状態は持続可能なのだろうか。これは自国から外国資本が脱出して外国に戻る誘因があるかどうかによって判定できる。自国を脱出して外国に戻った場合の仮説的な生産量を $\widetilde{x_j}$ とする。$\widetilde{x_j}$ は企業がその持てる情報をもとに計算し得る生産量である。自国は輸入を締め出しているので，外国企業はもし自国を離れて外国に戻ると，自国市場を失うことになり，外国市場でのみ販売することになる。よって

$$\widetilde{x_j} = \widetilde{D_j}\frac{\overline{L}}{2} = \alpha p^{-\sigma}(G^*)^{\sigma-1}I^*\left(\frac{\overline{L}}{2}\right)\tau^{\sigma-1} \tag{4-29}$$

と表せる。（4-4），（4-25）及び（4-26）を用いて（4-29）の p，G^* 及び I^* を消去すると

$$\widetilde{x_j} = \frac{\alpha(\sigma-1)}{2\sigma\beta}\left(\frac{\overline{L}}{\overline{K}}+r\right)\tau^{\sigma-1} \tag{4-30}$$

を得る。$\widetilde{x_j}$ の下での仮説的な（想定される）利潤（$\widetilde{\pi_j} = p\widetilde{x_j} - r - \beta\widetilde{x_j}$）は（4-28）の強制された集積の均衡資本レンタルを用いると

$$\widetilde{\pi_j} = \frac{\overline{L}}{\overline{K}}\left[\frac{\alpha(1-2\tau^{1-\sigma})}{2\tau^{1-\sigma}(\sigma-\alpha)}\right]$$

である。ここで，仮定により $\sigma>1$，$0<\alpha<1$ 及び $\tau>1$ であることに留意すると，$\widetilde{\pi_j}>0$ となる条件は

$$\tau^{\sigma-1} > 2 \tag{4-31}$$

である。すなわち（4-31）が満たされるなら，自国への集積を余儀なくされた外国資本が，現状よりも高い資本レンタルを支払ってもなお外国に戻って利益を上げる余地があると考えることを意味している。

以上の結果を要約すると，もし $\tau^{\sigma-1} \leqq 2$ ならば一旦自国に集積した外国資本は外国に戻る誘因がなく，それゆえ強制された集積の均衡は安定的である。他方，$\tau^{\sigma-1} > 2$ ならば強制された集積の均衡は不安定であって，自国に強制的に集積した資本は自国を離れて外国に戻る誘因があることになる。これら異なる結果を図示したのが図4-4である。

条件（4-31）と図4-4が示す通り，τ が高ければ高いほど，また σ が高ければ高いほど，強制された均衡は不安定化しやすい，という結果である。これは直観的には次のように解釈できる。他の事情にして等しければ，τ が高ければ高いほど外国における製造品の価格指数が高い。価格指数が高いということは，外国での利益機会が高いということになる。これは外国へ戻って操業することの誘因を強めるのである。σ が高ければ高いほど，需要の価格弾力性が高い（消費者が価格に敏感である）ので，自国市場を失ってでも，外国へ戻って操業し，外国民向けに貿易コストなしで低価格で供給することが一層有利になる。（注：τ については，第1章図1-1の輸入の（輸出に対する）相対価格が一つの参考になろう。この値はセグメント間で差があるが，1.36 から 2.70 であった。しかしこ

図4-4　強制された集積の安定性

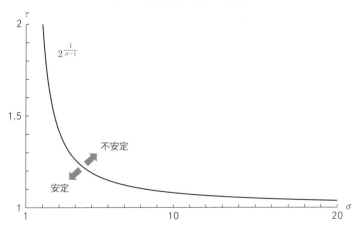

れらの値にはブランド評価など貿易コスト以外の要因も反映されているため，上限値とみるべきである。第3章のフォルクスワーゲン車の推計ではFOB価格46万円に対して，7万円が貿易コスト（輸送費と輸送の保険料）として上乗せされていた。この場合 τ は $(46＋7)/46≒1.15$ である。）

　条件（4-31）が満たされず，強制された集積が持続したとする。これは両国民の経済厚生にどう影響するだろうか。外国民は，ベンチマークの対称均衡と同じ水準の所得を得るものの，経済厚生は確実に低下する。これは強制された集積の下では，外国内には製造業は残っておらず，外国民はすべての製造品を（輸送費など貿易コストを負担して）自国から輸入しなければならないからである。すなわち生活費が上昇してしまうのである。

　他方，自国民は確実に（対称均衡に比べて）経済厚生が高まる。なぜなら強制された集積の下では，すべての製造品が自国内で生産されるため，自国民は貿易コストを負担せずに済むようになるからである。厳密には強制された集積の自国の経済厚生を ω_2 として，ベンチマークの対称均衡の経済厚生（ω_0）と比較すると

$$\frac{\omega_2}{\omega_0}=\left(\frac{1+\tau^{1-\sigma}}{2}\right)^{\alpha/(1-\sigma)}>1$$

である。

　本節ではMartin and Rogers（1995）の国際貿易と資本移動のモデルを応用し，「ここで造れ！」政策，すなわち輸入をブロックして強制的に自国に集積を促すことの実現可能性とその含意を理論的に研究した。そこで明らかになったのは，持続可能な集積を実現できれば，外国の経済厚生を犠牲にして，自国の経済厚生を高められるということである。

　しかし持続可能な集積を強制的に実現するには複数のハードルがある。そのハードルとは（本モデルの仮定そのものに加えて），次の通りであった。第一に，外国は自国への輸出のブロック（自国による輸入のブロック）に報復せず，それを受け入れること。第二に，自国民もこの政策に反対せず，輸入減少による短期的損失を甘受すること。第三に，外国企業は「ここで造れ！」に呼応して，自国に移転（資本移動）すること。そして第四に，消費者選好と貿易コストのパラメータが十分小さく，強制された集積が持続可能となること，で

あった。

　このように複数のハードルを越えられなければ成功しないのだから，「ここ
で造れ！」などという政策の実現はあり得ないように思える。実際，例えば
2019年現在のいわゆる米中貿易戦争の中で，トランプ政権が次々に発動する中
国製品に対する関税引き上げや貿易制限措置に対応して，中国企業がこぞって
米国へ移転するようなことはみられない。しかし例外があったとすれば，それ
は日本の自動車輸出自主規制（VER）直後に一斉に起きた日本の自動車メー
カーの米国生産移転ではなかったか。VERは結局1981年から1994年まで実施
され，本節のモデルのように完全な対米禁輸ではなかったが，輸出の数量制限
が課されていた。日本政府はこの措置に報復するどころか自らVERを延長す
るなどして協力し，日本の自動車メーカーも米国でのビジネス継続のため，本
章で詳説したようにほぼ10年の間に全乗用車メーカーが米国生産を始めた。
現在までトヨタ，ホンダ，日産など大手を含めほとんどの日本メーカーが米国
生産を続けている。これは本節のモデルで分析した，一見ありそうもない，
「強制された集積」が持続可能な形で成功裡に実現した事例であったと言える
のではないだろうか。

　前節で紹介したようにVER問題は学術研究でも1980年代から90年代にか
けて大変な注目を集め，議論を巻き起こした。国際貿易の観点からはBerry et
al. (1988)，Dinopoulos and Kreinin (1988)，Feenstra (1992) や Goldberg
(1994) らの研究がある。これらの研究は日本メーカーの米国移転実現前の，
生産が日本で行われることを前提とした静学的枠組みでの貿易制限の影響を分
析したものであった。勢い，これら諸研究は（程度の差はあれ）VERによって
結局，米国民が損失を被ったことを指摘した。例えばBerry et al. (1988) は
VERで米国の自動車価格が上昇し，米国メーカーの利益は100億ドルほど増
えたが，消費者が損失を被ったため，米国は30億ドルの純損失を被ったと推計
している。

　本節のモデルは国際資本移動と集積の観点からVERに対して異なる視座を
提供し，より長期の観点からVERを再検討することの意義を示唆している。
すなわち，短期的には貿易減少によって米国に損失が生じたとしても，その後
日本メーカーがこぞって米国生産を開始，今日まで継続していることは，米国

民にとって国内生産車種数が増大，（new economic geography のカギである）貿易コストを重んじるならば，それによる長期的利益は短期の損失を上回るかもしれないのである。

第 4 章のまとめ

・1981 年から日本は自動車輸出自主規制を課された。自主規制のアイデアは少なくとも 1974 年時点で UAW の要求として存在していた。

・日本は当初輸出自主規制に反論していたが，オイルショック後のアメリカ自動車産業の低迷，さらにはレーガン政権の誕生で状況が変わり，自主規制を受け入れることになった。

・この経験から一般的に言えることは，急激な変化（1970 年代の日本からの輸出急増のような）は，それに対する国内産業調整を求められる側からの強い反発を招いてしまうということである。

・輸出自主規制は当初 3 年間の予定が，1981 年 3 月から 1994 年 3 月まで，結局 13 年継続された。

・日本のメーカーは輸出自主規制に応じつつ，その間 10 年程度でアメリカでの現地生産を続々と立ち上げ，アメリカ製日本車の生産を伸ばしていった。

・UAW は当初アメリカの雇用を守るために輸出自主規制を要求した。その意味で確かに日本からの輸出は抑えられたし，また日本企業がアメリカに進出することになって，ここでも雇用が増加した。よって UAW の立場からは VER はうまくいったと言えよう。

・しかし，多くの経済分析が明らかにしたように，そのためにかかったコストを考えると輸出自主規制には（当のアメリカにとっても）疑問を持たざるを得ない。

・Dixit（1988）や Berry（1999）らのように，貿易政策を戦略的に実施すれば経済厚生上もプラスとなりえた可能性はあるが，その他の経済研究はネットの経済厚生やアメリカでの生産や雇用維持のために有効な手段だったのかという点ではやはり疑問が残る。これはやはり輸入を規制するとどうしても

消費者余剰が減少してしまうことが大きい。

・他方，new economic geography の集積理論からは，確かに一時的にアメリカの消費者を中心に損失が発生したが，VER 直後から日本のメーカーが 10 年のうちに一斉にアメリカでの現地生産を開始していることは，「強制された集積」（forced agglomeration）が成功したことを表しており，全メーカーがアメリカで生産することで，長期的にはむしろアメリカの消費者の利益となり，日本の消費者にとっては，企業が（完全にではないにせよ）日本を離れることにより，商品の種類の減少・輸入品シフトによる輸送費負担といった点から，マイナスの影響があった，との見方ができる。

第 5 章

日本の中古車貿易

本章のねらい

　中古車は国内で流通するのみでなく，国際貿易の対象にもなる。第 3 章でみたように，戦後，特に 1950 年代までは，中古車輸入が日本にとって自動車入手の貴重なルートであったこともある。それから半世紀以上が経ち，自動車の普及が進み，日本は今や年間 100 万台の中古車輸出国になっている。本章では貿易統計によりまず中古車輸出の状況を概観するが，今日の日本の中古車輸出先の多くには日本の主要貿易相手国ではない，なじみのない国も多く，興味深い。本章の分析の主眼はいったいどういった国々に日本の中古車は向かうのかを知るとともに，どのような要因で多様な国々に中古車が輸出されるのか，すなわち中古車輸出の決定要因を分析することである。

5.1　近年の中古車貿易の概況

　中古車の貿易が普段注目されることはあまりないだろう。第 3 章で触れたように，戦後日本では中古車の輸入も見られたが，今日では中古車輸入は少なく，現在の日本の中古車貿易は，日本で生産・使用された車が中古車として輸出されるのが主である。日本経済と自動車産業の発展とともに中古車の貿易も輸入から輸出へと転じてきたのである。

　図 5-1 に乗用車輸出台数と，その内数として中古車輸出台数及び総乗用車輸

図 5-1 乗用車輸出台数，中古車輸出台数及び中古車比率

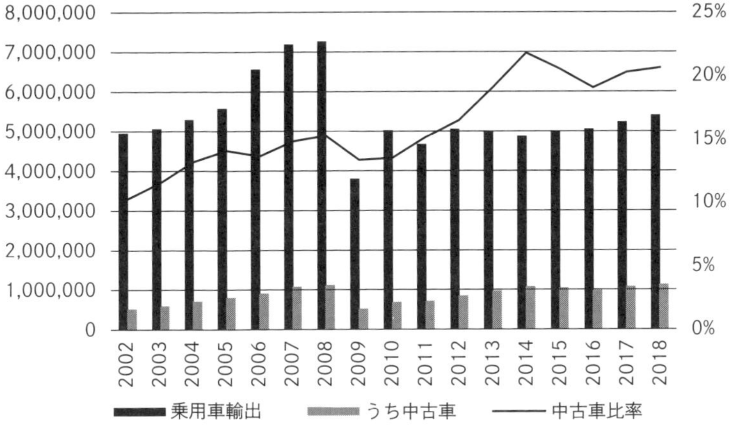

資料：財務省『貿易統計』より筆者集計・作図。

出に占める中古車比率を示した。中古車も含めた乗用車全体の動向をみると，2002 年に日本から中古車も含めて 500 万台近くの乗用車が輸出された。その後輸出台数は増加を続け，2007 年と 2008 年には同 700 万台を超えた。その後の世界的不況を経て輸出は同 500 万台程度で推移している。中古車輸出もこれに近い形で動いている。2002 年に 50 万 4,556 台の中古車が輸出された。これは乗用車総輸出の 10.2％に相当する。その後 2008 年までは中古車輸出も増加，2009 年に大きな落ち込みがあったが，乗用車総輸出に占める中古車の割合は再び上昇した。近年の中古乗用車の輸出は年間ちょうど 100 万台前後，乗用車総輸出の 20％強である。

図 5-2 は，同じ中古車輸出を金額でみたものである。この図はほぼ図 5-1 に近い形状をしている。2002 年から 2007 年にかけて乗用車の総輸出額は約 8 兆円から約 12.5 兆円まで伸びた。その後の不況で同 6 兆円を割り込み，ピークの 2007 年から半減した。今日同 11 兆円まで回復している。中古車輸出も同様に回復をみせ，近年の中古乗用車の年間輸出額は 5 千億円から 6 千億円強，乗用車総輸出額に占める割合は 6％前後に達している。

中古車輸出の割合が台数では 2 割を超えるのに金額では 6％程度に過ぎないのは，新車（注：厳密には新車以外にわずかながらノックダウン分が含まれる。次章

図 5-2　乗用車輸出額，中古車輸出額及び中古車比率（単位：億円）

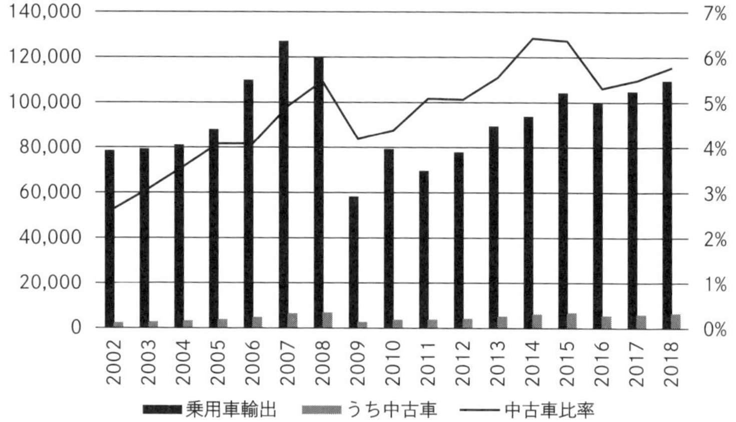

■ 乗用車輸出　　■ うち中古車　　── 中古車比率

資料：財務省『貿易統計』より筆者集計・作図。

図 5-3　中古車輸出単価

千円

409　414　458　503　594　481　513　504　473　523　567　647　551　542　569

資料：財務省『貿易統計』より筆者計算及び作図。

を参照。）と中古車の単価の違いによる。図 5-3 は，同じ統計から中古車の平均
単価を計算したものである。輸出中古車の単価はおおよそ 40 万から 65 万円で
ある。

5.2　中古車の輸出先

　中古車は日本からどこへ輸出されるのだろうか。表5-1は1.0〜1.5リッタークラスのガソリン車（HSコード8703.22.910）の輸出先上位20か国とそれらの国々への中古車輸出台数及び同金額を示したものである。興味深いことに，ここで上位にあがってくる国々のほとんどは日本の主要輸出相手国ではない。（注：2016年の日本の輸出相手国上位10か国は1位から順に，米国，中国，韓国，台湾，香港，タイ，シンガポール，ドイツ，オーストラリア，そしてイギリスである。）台数でみると2016年の最大の中古車輸出相手国はアラブ首長国連邦（UAE）であった。同国へはこの年5万755台（金額では約79億円分）の中古車が輸出されている。第二位はニュージーランドで同4万4,335台（同約120億円分）

表5-1　2016年の日本の中古車輸出先上位20か国（1.0〜1.5リッターのガソリン車）

台数順	台数	金額（千円）	金額順	台数	金額（千円）
アラブ首長国連邦	50,755	7,872,540	シンガポール	16,468	33,416,449
ニュージーランド	44,335	12,020,776	バングラデシュ	20,690	23,130,141
ミャンマー	37,613	15,756,340	スリランカ	11,821	19,270,663
チリ	37,546	6,818,023	ミャンマー	37,613	15,756,340
南アフリカ共和国	24,341	2,386,123	ニュージーランド	44,335	12,020,776
ケニア	23,355	9,479,074	パキスタン	9,400	9,497,958
モンゴル	22,150	6,495,019	ケニア	23,355	9,479,074
バングラデシュ	20,690	23,130,141	アラブ首長国連邦	50,755	7,872,540
ジョージア	20,407	3,185,903	チリ	37,546	6,818,023
シンガポール	16,468	33,416,449	モンゴル	22,150	6,495,019
ロシア	14,891	5,790,730	ロシア	14,891	5,790,730
スリランカ	11,821	19,270,663	モーリシャス	5,610	5,551,770
タンザニア	10,322	1,801,011	ジャマイカ	10,004	4,654,892
ジャマイカ	10,004	4,654,892	キプロス	7,412	3,962,466
パキスタン	9,400	9,497,958	トリニダード・トバゴ	5,823	3,849,271
キプロス	7,412	3,962,466	ジョージア	20,407	3,185,903
アフガニスタン	6,486	1,241,698	南アフリカ共和国	24,341	2,386,123
トリニダード・トバゴ	5,823	3,849,271	フィジー	5,677	2,336,806
フィジー	5,677	2,336,806	ガイアナ	3,765	1,881,051
モーリシャス	5,610	5,551,770	タンザニア	10,322	1,801,011

資料：財務省『貿易統計』より筆者集計。

であった。以下ミャンマー，チリ，南アフリカ，ケニアと続く。金額でみると，やや異なる国々が現れる。第一位はシンガポールで，334 億円分の中古車が 2016 年に輸出されている。金額ベースでの二位以下は，バングラデシュ，スリランカ，ミャンマー，ニュージーランドである。

　日本からの中古車輸出国を概観すると UAE，バングラデシュ，ケニアといったアジア，中東及びアフリカの発展途上国から，シンガポールやニュージーランドといった先進国まで多様な国々が含まれている。ミャンマーは近年台頭した中古車の新しいマーケットとして注目を集めている。（注：同国の法制度の変更で今後日本からの中古輸出が減るとの指摘もある。）またキプロス，トリニダード・トバゴ，フィジーやモーリシャスなどの島しょ国もリストに上がっている。

5.3　中古車輸出の決定要因

　前節で概観したように，日本の中古車は，日本の主要貿易相手国以外のバラエティに富んだ国々に輸出されている。なぜそうした国々に中古車が輸出されるのか，その決定要因を検討していく。

　通常，二国間の貿易のフローは両国の経済規模に大きく影響される。このことはいわゆる貿易のグラビティー・モデル（gravity model）が貿易量をかなりうまく説明できることとして知られている。（注：グラビティー・モデルの平易な解説については，特に Krugman et al. (2009) の 40–46 ページを参照されたい。）よって中古車も（他の事情にして等しければ）経済規模の大きな国には多く輸出されると予想される。

　自動車に関しては，経済規模に加えて，商品特有の要因も考えられる。一つはハンドルの位置である。日本で発生する中古車はほとんどが右ハンドルであるから，輸出先も右ハンドル国が多いのではないかと予想される。（左ハンドル国に輸出した場合は，規制がある場合はハンドル位置を変更する改造が必要になるかもしれないし，その必要がなかったとしても，右ハンドルのままでは，左ハンドル国では使いづらく，売れないかもしれないからである。）また

図 5-3 で確認したように，輸出中古車は新車に比べて単価がずっと低いため，
（他の事情にして等しければ）低所得国への輸出が多いことが予想される。

　これらの予想を踏まえて，再び表 5-1 を見てみよう。確かに所得水準が低い
発展途上国が多く並んでいるので，所得も中古車輸出先の決定要因の一つであ
るように思える。また表にあがっている国々の中には右ハンドル国がみられる
から，ハンドル位置を変えなくても済むというコスト面からも，日本の中古車
輸出先は説明できそうである。一方，表中の国々はどちらかというと経済規模
の小さな国々が多い。したがって，経済規模が貿易フローを説明するかどうか
ははっきりしない。

　そこでより厳密に日本の中古車輸出先の決定要因を考えるために，クロスセ
クションの回帰分析を行う。被説明変数は 2016 年の各国への日本からの中古
車輸出台数及び同金額である。（被説明変数の中古車は表 5-1 と同じく，ボ
リュームゾーンである 1.0～1.5 リッタークラスのガソリン車である。）説明変
数は輸出先国の経済規模（GDP）と所得水準，そして輸出先国が右ハンドル国
かどうかという点である。なお右ハンドル国はダミー変数の 1 を与えている。
（右ハンドル・ダミーは右ハンドル国が 1，左ハンドル国が 0 となる。）データ
セットは全部で世界 188 か国で，そのうち 51 か国が右ハンドルである。またこ
の 188 か国には日本から中古車輸出がゼロであった国々もあるので，回帰分析
の手法としては，トービット・モデル（Tobit model）を用いた。

　用いたデータの記述統計と推計結果をそれぞれ表 5-2 と表 5-3 に示す。表 5-
3 の一列目は被説明変数を中古車輸出台数とした推計結果，二列目は被説明変
数を中古車輸出金額としたものである。三，四列目は「ハブ（hub）」という新
たなダミー変数を加えて一列目と二列目の推計を修正したものである。（ハブ
については後述する。）

　推計結果からは，まずすべての説明変数について仮説通りの符号をもつ係数
が得られている。すなわち経済規模は正，所得は負，右ハンドル・ダミーは正
の係数となった。しかし一，二列目の推計では，得られた経済規模と所得の係
数の統計的有意性が通常の基準以下であり，経済規模と所得については仮説が
検証されたとは言えない。唯一，右ハンドル・ダミーの係数のみが統計的に有
意であると言えるので，（他の事情にして等しければ）右ハンドル国への中古

表5-2　記述統計

	輸出台数	輸出額 （千円）	市場規模 （GDP，10億ドル）	一人当たり所得 （ドル）
サンプル数	188	188	188	188
最小	0	0	0.1	260
最大	50755	33416449	17994.1	106140
平均	2278.340	1017802.085	381.678	14342.872
標準偏差	7265.604	3775334.887	1592.805	20287.319

表5-3　回帰分析結果（トービット・モデル）

	被説明変数			
	輸出台数	輸出額	輸出台数	輸出額
定数項	−4495.037 （−3.57）	−2761265 （−4.42）	−3664.758 （−3.75）	−2817547 （−4.56）
市場規模	.4927683 （1.01）	275.7473 （1.15）	.4036462 （1.07）	283.1957 （1.20）
所得水準	−.0199958 （−0.46）	−7.330041 （−0.34）	−.0280578 （−0.82）	−9.908966 （−0.46）
右ハンドル	9069.116 （4.96）	5530492 （6.12）	7676.518 （5.43）	5492751 （6.18）
ハブ	—	—	39112.88 （8.55）	6795149 （2.37）
擬 R^2 統計量	0.0112	0.0107	0.0358	0.0122

注：カッコ内は t 値。

車輸出は多くなるということのみ確認された。

　ハンドル位置以外の決定要因はないのだろうか。表5-1を再度みてみると，台数ベースの輸出先一位であったのがUAEであるが，実はUAEは左ハンドル国で，この国が第一位に上がるのはやや不可解である。しかし社会学の観点から中古車取引のネットワークを調査した浅妻他（2017）によると，UAEは日本からの中古車貿易のハブとして中継貿易を担っているようである。UAEでは輸入した日本製右ハンドル車を左ハンドルに改造して，中東の他の国々へと輸出している。この業界ではステアリング・チェンジ（steering change，ハンドル位置交換の意味）と呼ぶそうで，同国にはそのための技術が蓄積されている模様である。同じく浅妻他（2017）の調査によれば，同様の中継貿易を行うハブが，チリと南アフリカに存在する。チリを経由して日本の中古車がボリ

ビアやパラグアイへ送られる。これらの国々はいずれも左ハンドル国であるか
ら，ハブで左ハンドルに改造されるものと考えられる。アフリカでは内陸に右
ハンドル国があるので，南アフリカがアフリカへのハブとなっているものとみ
られる。

　ハブ効果も含めて推計をやり直した結果を表5-3の三，四列目に示した。こ
れらの推計にはハブ・ダミーを追加している。すなわち上述のUAE，チリ及
び南アフリカの三国にハブ・ダミー1を与え，それ以外の国は0としている。
結果はいずれの推計でもハブ・ダミーの係数は正で有意である。特に三列目に
ある台数の推計で顕著であるが，ハブ・ダミーを説明変数に加えるとモデルの
説明力が上がる。先のハンドル位置に加えて，（他の事情にして等しければ）
ハブとみられる国には多くの中古車が輸出されていることが確認された。しか
し相変わらず，経済規模や所得については，符号は予想通りでも有意にはなら
ない。

　ここで検討した要因は，日本からの中古車輸出のごく一部を説明するに過ぎ
ないが，各国への中古車輸出を説明するには，どうやら経済規模や所得水準と
いった需要面ではなく，ハンドル位置やハブの存在といった供給面が重要であ
ると考えられる。

　供給面に関しては，これらに加えて自動車に関する国ごとの規制も中古車輸
出に影響する。例えばニュージーランドは（中古）自動車を含む輸入自由化政
策実地直後の1980年代末，同国は右ハンドル国であることもあって，日本の主
要中古車輸出先になった。同じ頃ロシア向け中古車輸出も急増した。ロシアは
左ハンドル国であるが，同国の輸入車への関税引き下げが契機となり，また日
本との地理的な近さも影響したものと考えられる。一方規制が逆方向に働く場
合もある。ロシアでは2009年に今度は輸入関税が引き上げられ，中古車輸入が
激減した。

　その他の供給面の影響要因として，浅妻他（2017）による民族的なビジネ
ス・ネットワークが挙げられる。UAEの中古車ハブを形成しているのは，パ
キスタンとアフガニスタン出身の貿易商である。こうしたネットワークは中東
にとどまらず，日本を含め世界に広がっており，日本を含めた中古車の供給地
にもこれらの貿易商が拠点を持ち，中古車の選定，購入及び輸出に携わってい

る模様である。

第5章のまとめ

・近年では，年間 100 万台前後の中古車が日本から輸出される。乗用車総輸出
　台数に占める中古車の割合は漸増傾向にあり，中古比率は二割を超えている。
・金額でみると中古車輸出は年間 6 千億円に達する。輸出中古車の単価（40〜
　65 万円くらい）は新車より低いため，乗用車総輸出額に占める割合は 6%台
　である。
・日本の中古車は日本の主要貿易相手国以外の多様な国々，例えばアラブ首長
　国連邦，ニュージーランド，シンガポール，ミャンマー及びチリ等，へ輸出
　されている。
・各国への中古車輸出の決定要因としては，経済規模や所得水準といった需要
　面ではなく，左右のハンドル位置や中継点（ハブ，hub）の存在といった供
　給面が重要である。

自動車ノックダウン輸出の分析

本章のねらい

　ノックダウン輸出は，新車，中古車以外の第三の貿易形態である。ノックダウン輸出は，正確には英語で knocked–down（KD）export と呼ばれ，組み立て前の状態で部品をワンセットまとめて輸出するという形態である。つまり現地ですぐに組み立てられるようにしたバラバラの状態の車が輸出される。また KD は自動車以外でも家具，航空機，鉄道車両，その他の機械類などでみられる。日本の自動車メーカーは古くから東南アジア諸国に KD 輸出を行ってきた。次節で示すように近年それが急減し，アジアでの自動車ビジネスは激変している。本章では貿易統計を使って日本の自動車ノックダウン輸出の状況を捉えた上で，なぜわざわざノックダウン輸出が行われてきたのか，企業行動に着目した経済理論的な分析を加える。理論分析の結果を活用して，こうした動態の背景を理解するのが本章のねらいである。

6.1　日本の自動車ノックダウン輸出

6.1.1　ノックダウン輸出台数の推移

　日本からの自動車ノックダウン（KD）輸出台数は 1970 年代前半にはすでに年間 20 万台を超えており，1980 年代に入ると同 40 万台を超えるようになった。図 6–1 は 1988 年から 2018 年までの日本からの KD 輸出台数を，KD を含

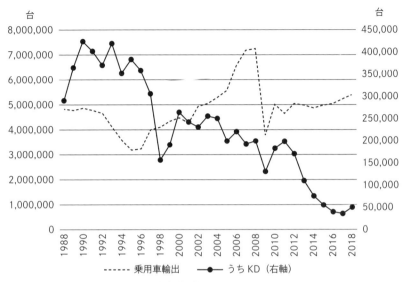

図6-1　ノックダウン輸出台数

資料：財務省『貿易統計』より筆者集計・作図。

図6-2　ノックダウン輸出シェア（台数ベース）

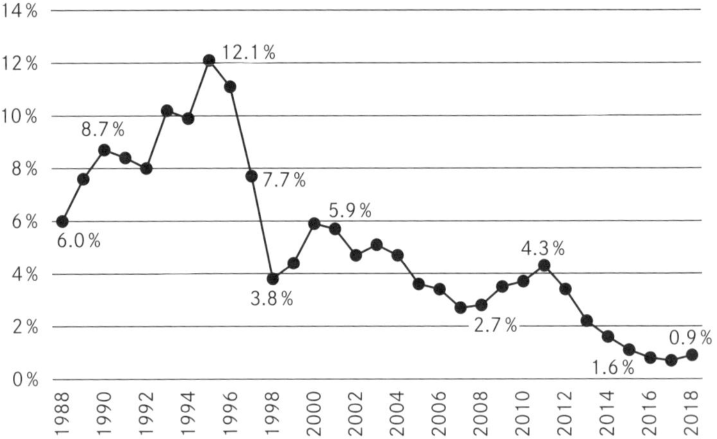

資料：財務省『貿易統計』より筆者集計・作図。

む総輸出台数とともに示したものである。（以下，本章でも乗用車を対象とする。）この30年間，毎年日本の輸出は300万台から700万台程度で推移した。1990年代初頭まではこのうち毎年30〜40万台程度がKD輸出だった。しかし1990年代後半から減少傾向となり，最近は同10万台から5万台以下にまで激減している。このようにKDが減少している点は，図6-2のKD輸出構成比にもはっきりと表れている。1990年代中頃は総輸出に占めるKD輸出比率は10%を超えたこともあったが，1990年代末に急減してからも減少傾向が続き，直近ではKD輸出は乗用車輸出全体の1%足らずとなっている。このようにKD輸出は絶対的にも相対的にも減少している。

6.1.2　金額でみたノックダウン輸出と単価

　図6-3は1988年から2018年までの（KDを含む）乗用車総輸出額とKD輸出額を示したものである。乗用車の総輸出額はこの間年4兆円から12兆円程度で推移した。KD輸出額の推移は図6-1のKD輸出台数の推移とほぼ一致している。1990年代初め頃，多い年は3,000億円ほどのKD輸出があったが，90年

図 6-3　ノックダウン輸出額

資料：財務省『貿易統計』より筆者集計・作図。

代末には半減している。その後 2000 年代にやや持ち直して 2011 年には 2,000 億円を超えたが，再び急減，直近 2 年間は 500 億円を割っており，かつての 6 分の 1 になっている。金額ベースでの KD 輸出シェアを図 6-4 に示す。1990 年代前半に KD 輸出額は乗用車総輸出額の 5% を超えていたこともあったが，90 年

図 6-4　ノックダウン輸出シェア（金額ベース）

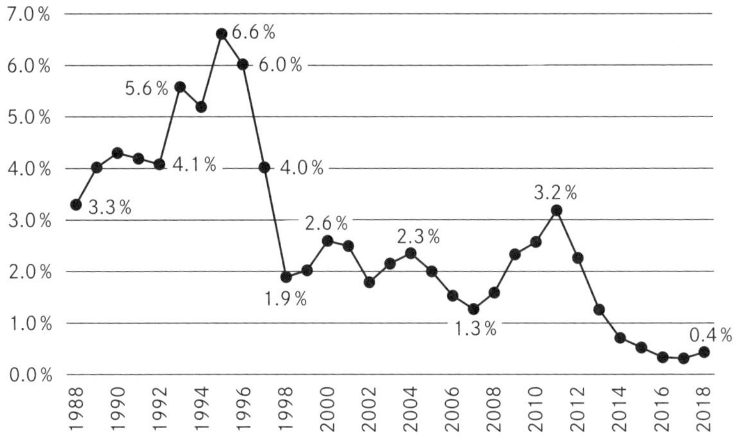

資料：財務省『貿易統計』より筆者集計・作図。

図 6-5　ノックダウン輸出単価

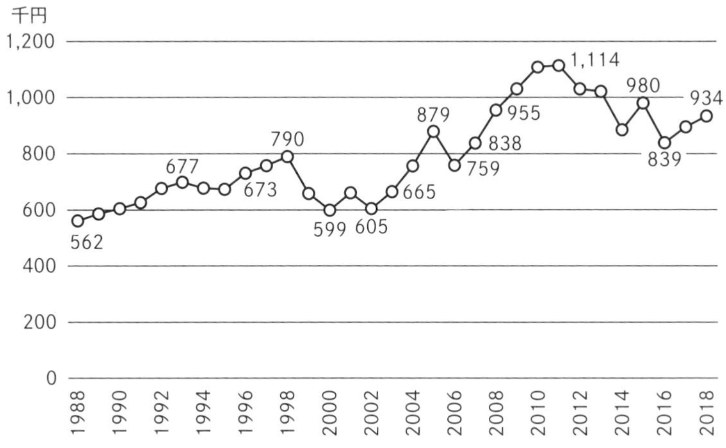

資料：財務省『貿易統計』より筆者計算・作図。

代後半には急減して，やはり金額でも日本の乗用車総輸出の 1% 未満になっている。

図 6-5 は貿易統計から算出される KD 輸出平均単価の推移である。KD 輸出は組み立て前の部品の集まりであるから，平均的な新車の価格より低くなる。平均単価の水準は 50 万円から 100 万円の間にある。他方，第 5 章に示した中古車の単価が 50 万円前後であったのと比べると，KD の方がやや高い水準にある。この 30 年でみると KD 単価は緩やかな上昇傾向にある。

6.1.3　ノックダウン車の輸出先

KD 車はどこへ向かうのか。KD 輸出が輸出量・金額ともに比較的多かった 1990 年の貿易統計を見てみる。表 6-1 に HS コード 8703.22–100 に対応する 1.0 から 1.5 リッターのガソリン乗用車 KD 輸出台数と金額を国別に示した。このカテゴリーでは同年合計 13 万 9,119 台分（金額では 704 億 1,740 万 7 千円分）

表 6-1　日本の自動車ノックダウン輸出先（1.0〜1.5 リッターガソリン乗用車，1990 年）

	台数	金額（千円）
マレーシア	41,900	20,459,929
フィリピン	18,459	11,083,418
タイ	15,600	6,662,552
インドネシア	13,651	6,152,051
コロンビア	11,936	5,853,199
ニュージーランド	11,610	6,793,141
台湾	10,200	3,963,551
ギリシャ	9,480	5,366,340
ジンバブエ	2,320	1,341,994
ケニア	2,102	1,650,555
トリニダード・トバゴ	700	530,107
メキシコ	620	228,107
ウルグアイ	288	145,734
エクアドル	160	108,248
ベネズエラ	50	40,631
ザンビア	40	36,205
アラブ首長国連邦	2	750
南アフリカ	1	895
合計	139,119	70,417,407

資料：財務省『貿易統計』より筆者集計。

の KD 輸出があり，大半の KD 輸出先は発展途上国であったことが分かる。特に KD 輸出先上位四か国は東南アジア諸国（マレーシア，フィリピン，タイ，インドネシア）であった。これが 2015 年になると，このカテゴリーの KD 輸出先はインドネシアとパキスタンの二か国のみとなり，合計 KD 輸出台数はわずか 3,624 台（21 億 146 万 8 千円）となった。

6.2　ノックダウン輸出のモデル

6.2.1　モデルの仮定

　KD 輸出は自動車に限らず，他の機械類や家具などでもみられる。本節では KD 輸出一般に関するモデルを構築・分析して，理論的に検討する。モデルでフォーカスするのは，企業の海外販売手段の選択である。企業がどういう条件の下で完成品（自動車ならば完成車）輸出を選択し，どういう条件下で KD 輸出を選択するのかを厳密に考える。

　モデルは自動車産業のような製造業とその他産業（「農業」と総称）からなる二部門の一般均衡モデルである。国は「先進国」と「途上国」の二つであるとする。先進国は相対的に高賃金ですべての製造業が立地している。途上国は低賃金で製造業がない。よって途上国は農産物を輸出して，先進国から製造品を輸入することになる。

　先進国と途上国の人口をそれぞれ L, L^* とする。（以後，途上国側の変数に $*$ を付す。）全人口は非弾力的に 1 単位の労働力を提供して，先進国では w，途上国では w^* の賃金を得る。また $w>w^*$ とする。労働者は同時に消費者でもあり，次の準線形効用関数（quasi-linear utility function）で表される選好をもつものとする。

$$U=\mu lnM+A \tag{6-1}$$

ここで M は製品差別化された製造品の合成財（composite），すなわち

$$M\equiv\left[\int_0^n m(i)^\rho di\right]^{\frac{1}{\rho}} \tag{6-2}$$

であるとする。A は農産物の量で，$\mu>0$ とする。(6-2) において，n は製造品

の種類数あるいは製造業の総企業数を表し，$\rho > 0$ である。消費者の予算制約
は

$$\int_0^n p(i)\,m(i)\,di + p^A = w \tag{6-3}$$

とし，$p(i)$ は製造品 i の価格，p^A は農産物の価格である。

　供給サイドは次のように設定する。製造業は独占的競争企業からなり，各社
は他社と少しずつ差別化した製品を生産して競争している。生産量を q とする
と，典型的な製造企業の費用関数は $C(q) = Fw + (c + z)qw$ となる。これは各社
とも F の固定費に加えて，生産 1 単位当たり $c + z$ の労働力が必要であるとい
うことを意味している。なお c は最終製品 1 単位に必要な部品（component）
生産に必要な労働力，z は最終製品 1 単位の組み立て（assembly）に要する労
働力である。

　製造業が途上国で取りうる販売手法には，完成品輸出（EX）と KD 輸出
（KD）の二種類があり，いずれかを選択するものとする。（以下，完成品輸出
の変数には EX，KD 輸出の変数には KD を付す。）KD 輸出に関しては二種類
のコスト構成（後述のケース 1 とケース 2）を考える。

　途上国の政策も製造企業の選択に影響する。途上国は自国の製造業発展を目
論んでおり，政策的に自国での製造を誘導しようとする。そのために完成品に
は高関税をかけ，部品輸入は無税とする。具体的には完成品輸入には $t > 0$ の従
価税を課すものとする。実際に，自動車ではタイ，マレーシア，フィリピンが
1980 年代，完成車輸入にそれぞれ 300%，250%，200% といった高関税をかけ
ていた時期がある。

　農業部門は完全競争状態にあり，農産物は収穫一定の技術で生産されるもの
とする。具体的には単位生産当たりの労働投入量は先進国で $1/w$，途上国で
$1/w^*$ とする。

6.2.2　消費者行動

　以上の仮定から消費者行動を導出する。消費者の問題は（6-3）の制約の下
で（6-1）と（6-2）で表される効用の最大化である。これより

$$m(i) = \left[\frac{p(i)}{G} \right]^{-\sigma} M \tag{6-4}$$

を得る。ここで σ は各製造品間の代替の弾力性で，$\sigma \equiv 1/(1-\rho)$ である。また G は次のように定義される製造品価格指数である。

$$G \equiv \left[\int_0^n p(i)^{\frac{\rho}{\rho-1}} di \right]^{\frac{\rho-1}{\rho}} = n^{\frac{1}{1-\sigma}} p \tag{6-5}$$

以上から各製造品 i への需要は，その価格 p_i のみならず，製造品全体の物価水準 G にも依存し，G に対して p_i が低ければ低いほど，当該製造品への需要が増えるという関係にある。そして製造品と農産物に振り向けられる所得は，それぞれ

$$M = \frac{\mu p^A}{G}, \quad A = \frac{w}{p^A} - \mu \tag{6-6}$$

となるので，製造品への支出は所得から独立している。すなわち，このモデルでは所得効果がなく，各人は製造品に常に一定の所得を支出することになる。さらに $w=1$ とおけば，$p^A = 1$ となるので，各製造品への一人当たりの需要は（i を省略すると）

$$m = \frac{\mu}{np} \tag{6-7}$$

となる。所得効果を捨象することで，本モデルでは企業行動，すなわち完成品輸出か KD 輸出かの企業の選択に焦点を当てることが可能となる。

6.2.3 企業行動—完成品輸出と KD 輸出の選択

製造企業が途上国向けに完成品輸出をしていると仮定しよう。典型的な企業の利潤は先進国と途上国双方の市場での売り上げから固定費と変動費を引いたものであるから

$$\pi_{EX} = p_{EX} q_{EX} + p_{EX}^* q_{EX}^* - [F + (c+z)(q_{EX} + q_{EX}^*)] \tag{6-8}$$

となる。利潤最大化のため，各製造企業は次のように価格を設定する。

$$p_{EX} = \frac{\sigma}{\sigma-1}(c+z), \quad p_{EX}^* = p_{EX}(1+t) \tag{6-9}$$

しかし企業の参入を考慮すると，均衡において利潤はゼロ，すなわち $\pi_{EX} = 0$

となる。このことから各社の企業規模（生産量）は

$$q_{EX}+q_{EX}^*=\frac{F(\sigma-1)}{c+z} \tag{6-10}$$

となる。(6-7) より製造品の市場均衡は

$$q_{EX}=\frac{\mu L}{n_{EX}p_{EX}}, \quad q_{EX}^*=\frac{\mu L^*}{n_{EX}p_{EX}^*(1+t)} \tag{6-11}$$

を意味している。よって (6-10) と (6-11) より，均衡における製造企業数は

$$n_{EX}=\frac{\mu L(1+t)+\mu L^*}{F\sigma(1+t)} \tag{6-12}$$

となる。

ケース1：途上国での組み立てが非効率（$z<z^*$）な場合

　ここで製造企業に KD 輸出という選択肢があるとする。すなわち，完成品を途上国へ輸出するのではなく，関税なしで部品を途上国に輸出して，途上国の労働者を雇用して現地で組み立てを行うことも可能であるとする。ただし，途上国での組み立ては（先進国での組み立てに比べて）非効率で，余分な労働を必要とする。具体的には，$z<z^*$ であるとする。よって途上国の賃金は低いものの，KD 輸出を選択すると組み立て費用が高くなってしまうこともあり得る。すなわち，$w>w^*$ だが，$wz<w^*z^*$ もあり得る。

　KD 下での利潤は

$$\pi_{KD}=p_{KD}q_{KD}+p_{KD}^*q_{KD}^*-[F+(c+z)q_{KD}+cq_{KD}^*+z^*w^*q_{KD}^*] \tag{6-13}$$

であるので，先進国と途上国における利潤最大化のため価格設定は，それぞれ

$$p_{KD}=\frac{\sigma}{\sigma-1}(c+z), \quad p_{KD}^*=\frac{\sigma}{\sigma-1}(c+z^*w^*) \tag{6-14}$$

となる。ここで製造企業が完成品輸出から KD 輸出にシフトした場合に典型的な企業が想定しうる利潤を $\widetilde{\pi_{KD}}$ とし，途上国においては製造品価格指数が

$$G=n_{EX}^{\frac{1}{1-\sigma}}p_{EX}^*$$

であることに留意すると

$$\widetilde{\pi_{KD}}=\frac{\mu}{\sigma n_{EX}}\left[L+\left(\frac{c+z^*w^*}{c+z}\right)^{1-\sigma}(1+t)^{\sigma-1}L^*\right]-F \qquad (6\text{-}15)$$

である。(6-12) より (6-15) の n_{EX} を消去すると

$$\widetilde{\pi_{KD}}=\frac{F(1+t)}{L(1+t)+L^*}\left[L+\left(\frac{c+z^*w^*}{c+z}\right)^{1-\sigma}(1+t)^{\sigma-1}L^*\right]-F \qquad (6\text{-}16)$$

となる。ここで $\widetilde{\pi_{KD}}>0$ なら製造企業は KD 輸出にシフトする。すなわち，完成品輸出から KD 輸出へのシフトが起きるのは

$$\left(\frac{c+z^*w^*}{c+z}\right)^{\sigma-1}<(1+t)^{\sigma} \qquad (6\text{-}17)$$

となったときである。

　逆に KD 輸出から完成品輸出へのシフトについてはどうだろうか。製造企業が当初 KD 輸出を行っていたとする。利潤最大化のための価格設定は (6-14) と同様であり，自由参入下では利潤がゼロになるので，(6-13) において $\pi_{KD}=0$ として，KD 均衡における製造企業数を求めると

$$n_{KD}=\frac{\mu(L+L^*)}{F\sigma} \qquad (6\text{-}18)$$

である。もし典型的企業が完成品輸出にシフトするなら，想定される利潤は

$$\widetilde{\pi_{EX}}=\frac{FL}{L+L^*}+\left(\frac{c+z^*w^*}{c+z}\right)^{\sigma-1}(1+t)^{-\sigma}\frac{FL^*}{(L+L^*)(1+t)}-F \qquad (6\text{-}19)$$

である。製造企業は，$\widetilde{\pi_{EX}}>0$，すなわち

$$\left(\frac{c+z^*w^*}{c+z}\right)^{\sigma-1}>(1+t)^{\sigma}$$

ならば完成品輸出にシフトする。

　以上の結果をもとに，図6-6 は横軸を国内生産の限界費用 $(c+z)$，縦軸を途上国での KD 生産の限界費用 $(c+z^*w^*)$ として，KD 生産の相対限界費用と，製造企業の完成品輸出・KD 輸出選択の関係を示したものである。点線で示される 45° 線上では，相対限界費用が 1 となる。45° 線の下の領域では，$c+z^*w^*<c+z$，すなわち途上国での限界費用の方が本国よりも低く，(6-17) はパラメータ t と σ の如何にかかわらず成立し，製造企業は KD 輸出を選択する（図6-6 の領域 ①）。45° 線より上の領域，すなわち $c+z^*w^*>c+z$ であっ

図 6-6 完成品輸出と KD 輸出の選択（ケース 1）

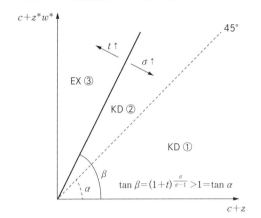

ても t が十分大きいか，σ が十分小さければ同じく（6–17）が成立し，KD 輸出が選択される。（図 6-6 の領域 ②）。領域 ② は t が大きいほど拡大していく。これら以外の場合，（6–17）は成立せず，KD 輸出へのシフトは起きない（図 6-6 の領域 ③）。

　ケース 1 の下では，途上国の関税に比べ，途上国の相対限界費用が十分に低い（高い）場合，完成品輸出から KD 輸出（KD 輸出から完成品輸出）へのシフトが起きる。特にこの分析が示すのは，仮に途上国での KD 組み立てコストが本国より高くても，領域 ② に示すように途上国の市場規模にかかわらず KD が十分ペイする場合もあるということである。これらの点から東南アジアの小規模市場にかつて日本メーカーが小規模工場を建てて KD 輸出をスタートさせた理由が説明できよう。例えば 1975 年のフィリピンの乗用車販売台数は 2 万 7,497 台（うち 1 万 5,205 台が日本車）に過ぎなかった。1980 年でも日本市場は乗用車販売が 300 万台近くであったのに対し，フィリピンの乗用車市場規模は日本の約 100 分の 1 の 3 万 186 台であった。他の東南アジア諸国もマレーシアが 8 万 5,610 台であったのを除くと概ね数万台規模で，インドネシア 2 万 1,776，タイ 2 万 6,834 台であった。（注：これら海外市場のデータは自工会『主要国自動車統計』による。）

ケース2：途上国での組み立てに追加の固定費 F^*w^* がかかる

　ケース1同様，製造企業は当初完成品輸出を行っているとしよう。海外での組み立てに追加の固定費 F^*w^* がかかるならば，KDへシフトした場合の想定利潤は

$$\widetilde{\pi_{KD}} = \frac{F(1+t)}{L(1+t)+L^*}\left[L+(1+t)^{\sigma-1}L^*\right]-(F+F^*w^*) \qquad (6\text{--}20)$$

である。ここで $\widetilde{\pi_{KD}}>0$ なら製造企業はKD輸出にシフトする。すなわち，完成品輸出からKD輸出へのシフトが起きるのは

$$F^*w^* < \frac{L^*[(1+t)^\sigma-1]}{L(1+t)+L^*}F \qquad (6\text{--}21)$$

の場合である。よって（追加的固定費がかかるとしても）途上国の人口規模が大きいほど，また途上国の完成品輸入関税が高いほど，完成品輸出からKD輸出へのシフトが起こりやすくなる。反対に，ケース2の下でKDから輸出へのシフトが起きる条件は

$$F^*w^* > \frac{L^*[(1+t)^\sigma-1]}{L(1+t)^\sigma+L^*}F \qquad (6\text{--}22)$$

である。

　ケース2の下では，製造企業の輸出からKDへのシフトは，途上国でのKD生産に追加的に要する固定費が（6–21）右辺の水準を下回っている場合に起きる。途上国の相対市場規模が大きいほど，また完成品の輸入関税が高いほど，この水準が上がってKDへのシフトを促す。他方，KD輸出から完成品輸出へのシフトはKD生産の固定費が（6–22）右辺の水準を上回っている場合に起きる。途上国の相対市場規模が小さいほど，また完成品の輸入関税が低いほど，この水準が下がって輸出へのシフトを促す。

　図6-7はケース2の結果を示したものである。この図は横軸を本国の固定費，縦軸を途上国でのKD生産に要する固定費としている。途上国での固定費が相対的に低くなるとKD輸出の余地が生じてくる（図の右下方の領域 ①）。なお領域 ② は完成品輸出（EX）とKD輸出（KD）がオーバーラップしている。つまり領域 ② はどちらも選択されうる領域である。途上国市場の規模が大きいほど領域 ① 及び ② は拡大する。

図 6-7　完成品輸出と KD 輸出の選択（ケース 2）

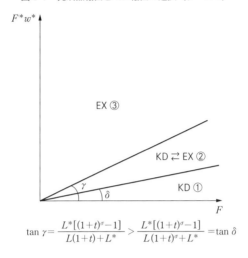

$$\tan \gamma = \frac{L^*[(1+t)^{\sigma}-1]}{L(1+t)+L^*} > \frac{L^*[(1+t)^{\sigma}-1]}{L(1+t)^{\sigma}+L^*} = \tan \delta$$

　ケース 2 では途上国の市場規模が問題となるため，かつてアジア諸国の小さ
な市場で KD 生産がスタートしたことを説明するのは難しい。近年の KD の減
少についてはどうだろうか。アジア諸国経済の成長による賃金上昇は，ケース
1 で考えると図 6-6 の領域 ③ へのシフトと考えることができる。すなわち，
KD から完成車輸出へのシフトとして KD の減少が説明できる。アジア諸国経
済の成長を市場拡大ととらえると，ケース 2 では逆に KD が促進されることに
なるので，KD の減少は説明できない。またアジア諸国でも輸入関税が漸次引
き下げられていることは，ケース 1・2 ともに KD の減少要因であり，KD の減
少は説明可能である。他方，実態としては，アジアの発展途上国の自動車工場
は，当初小規模な KD 組み立て工場としてスタートしたが，直接投資が活発化
し，地場の関連産業も育ち，その多くは現在本格的な工場になっている。本章
のモデルは完成品輸出と KD 輸出という二つの選択肢しかなかったが，実際に
とられたのは，直接投資を拡大して，本格的な現地生産を行うというもので
あった。（注：東南アジア各国の自動車産業動向については例えば西村・小林（2016）
を参照されたい。）

第6章のまとめ

- 本章は1988年から2018年までの日本の輸出統計を用い，ノックダウン（KD）輸出に焦点を当ててその動態の分析を行った。かつて活発であったアジア諸国向けKD輸出は，近年になって絶対的にも相対的にも明確な減少トレンドを見せている。
- KD輸出の動態の背景を理解するため，製造企業が完成品輸出とKD輸出による現地での組み立てを選択するモデルを構築，分析した。
- 海外市場供給モード選択にはさまざまな背景があろうが，本章では貿易コスト要因（関税）と生産コスト要因（自動車メーカー本国と途上国での組み立てコストやKD組み立て工場運営に要する固定費）を考慮した。
- ノックダウン生産に要する固定費がない，あるいは本国の固定費に比べてそれが無視し得るほど小さいなら組み立てコストが高くても，完成品の輸入関税が非常に高ければ，市場規模にかかわらず，KD輸出が選択されることが分かった（ケース1）。これより日本メーカーがまだ東南アジア市場が小さい段階からKD輸出で進出した理由が説明できる。
- 他方，本章の完成品輸出・KD選択のモデルは，完成品輸出とKD輸出の二つの海外ビジネスモード間の選択を説明するにとどまり，近年，アジア諸国で本格的な現地生産が拡大してKDが減少していることを整合的に説明できない。

第 7 章

自動車の輸入在庫

本章のねらい

　輸入在庫は近年，貿易の動態的側面，あるいは景気循環との関連において学術的にも注目を集めている。例えば Alessandria et al. (2011) は，生産や販売に比して，貿易の変動が大きいことに着目し，貿易の動態において輸入在庫調整が重要な役割を果たしていることを指摘した。国際取引は相対的に国内取引よりも取引コストが高いため，輸入業者は大きな在庫を持つ傾向がある。需要の減少に際しては，在庫を処分して対応するため，輸入は大幅に減少する。結果として輸入は販売より大きく変動するようになる。

　通常輸入在庫のデータは公表されておらず，筆者の知る限り，自動車においてもインポーターはそのような情報は提供していない。しかしながら，貿易と輸入車販売のデータを使って，輸入されたが未販売の状態にある自動車の台数を推計することは可能であろう。

　本章のねらいは，貿易統計と輸入車の販売統計を組み合わせて自動車の輸入在庫を推計して，その意味するところや在庫変動の背景を検討することである。ここでの基本的なアイデアは，ある期間における輸入台数と輸入車販売台数の差を在庫投資と考えるというものである。輸入台数が輸入車販売台数を上回っていれば，正の在庫投資（在庫の積み増し），逆であれば，負の在庫投資（在庫の取り崩し，在庫処分）とみるのである。

7.1　自動車輸入と輸入車の在庫

　貿易統計は通関時に記録されるものであるが，一般に商品の輸入が記録され
てから消費者に販売されるまでには時間差が発生する。自動車においても，車
が港から直接ユーザーの手に渡るわけではなく，原則として通関後にインポー
ターの新車整備センター等で完成検査や出荷検査が行われる。晴れて販売可能
な状態となった輸入車は，販売店に移送される。すでに注文があった車は，運
輸支局または検査登録事務所での新規検査を経て初めて新規登録され，ナン
バーを取得後にユーザーが使用可能になる。（注：このプロセスは，日本自動車輸
入組合の『日本の輸入車市場』（各年版）で詳しく解説されている。）その他の車両
は在庫としてインポーターが持つか，あるいは販売店において展示や試乗に供
されることになるだろう。本章は通関後，すなわち輸入として記録された後，
販売には至っていない未登録の輸入車の台数を在庫として推計しようというも
のである。時間軸で考えると，図 7-1 に示す通関から登録の間にあるすべての
車が輸入在庫車ということになる。

図 7-1　輸入在庫期間（概念図）

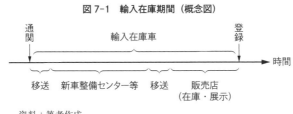

資料：筆者作成。

7.2　日本の自動車輸入と輸入車販売

　財務省の貿易統計と日本自動車輸入組合の輸入車登録台数を用いる。前者は
輸入台数，後者は輸入車の販売台数を報じたもので，いずれも月次で刊行され

図7-2 輸入と販売の推移

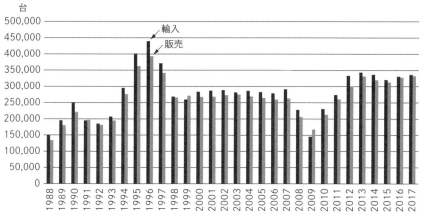

資料：財務省『貿易統計』及び日本自動車輸入組合『輸入車新規登録台数』より筆者集計・作図。

ている。以下本章では，「輸入」は自動車輸入，「販売」は輸入車の販売をそれぞれ指すものとする。

　図7-2は過去30年間の日本の輸入と販売を示したものである。概ね輸入車市場は拡大基調にあるが，明確な山谷もある。近年の輸入車市場規模は年間約30〜35万台である。1980年代末から1990年代初頭にかけて，同市場規模は約20万台であった。1990年代半ばに市場拡大があり，瞬間的には同40万台近くに達した。2000年から2007年までの間は市場規模は比較的安定しており，25〜30万台程度で推移した。2008年の世界的な経済危機下では日本市場も大幅に縮小，2009年の輸入は15万台を割り込んだ。

　図から読み取れるように，各年の輸入と販売のそれぞれの「棒」の高さは，ほぼ一致している。しかしよく見ると完全には一致しておらず，輸入されたものが常に同じ時期に販売されているわけではないことが分かる。例えば1996年には輸入が販売を上回っており，この年は（正の）在庫投資があったと言える。このように輸入と販売のずれがあることから，次節でみるように，自動車インポーターは在庫を保有してその調整を行っているものと考えられる。

　図7-3は輸入と販売を四半期データで示したものである。より詳細に上記を確認してみよう。季節性を除去するため，この図では前年同期比を用いてい

図 7-3　輸入と販売の対前年同期変化率（台数ベース）

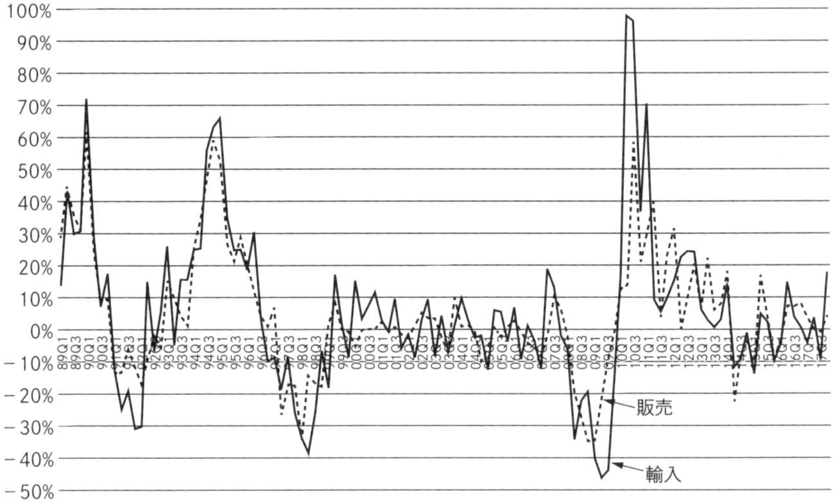

資料：財務省『貿易統計』及び日本自動車輸入組合『輸入車新規登録台数』より筆者集計・作図。

る。図 7-2 と同様，ここでも輸入と販売は概ね似たような動きをしているが，輸入の方が在庫よりも変動率が大きい。また図 7-3 からは明らかな輸入の落ち込みが三回ほどあったことが分かる。1991 年には輸入・販売ともに前年割れとなったが，輸入の減少率の方が販売のそれよりもずっと大きい。1997 年から 1998 年にかけてのスランプでも同様に輸入の減少率の方が大きい。2008 年から 2009 年にかけての経済危機に際しても，輸入・販売ともに減少したが，やはり輸入の減少率が大きい。こうした輸入変動が相対的に大きいという特性は，スランプの後の回復期にもみられる。例えば 1992 年から 1994 年の輸入車市場の拡大期をみると，販売増加率よりも輸入増加率の方が高い。2010 年の回復期にも販売を上回って，輸入が急回復している。図 7-3 のデータを用いて輸入変化の輸入車需要変化に対する弾性値を推計すると，1.18 である。

7.3　輸入車の在庫投資と在庫水準の推計

　次のような方法でこの 30 年間の輸入・販売データから在庫を推計する。輸入，販売及び在庫水準をそれぞれ $m,\ s,\ v$ で表す。在庫投資は各期の輸入と販売の差であるとみなし，t 期の在庫投資（Δv_t）を

$$\Delta v_t \equiv m_t - s_t \qquad\qquad (7\text{-}1)$$

と定義する。すると t 期末の在庫水準（v_t）は

$$v_t = v_{87Q4} + \sum_{i=88Q1}^{t} \Delta v_i \qquad\qquad (7\text{-}2)$$

と表せる。ここで v_{87Q4} は 1987 年第 4 四半期の在庫水準（未知）である。

　この手法による輸入在庫の推計結果，すなわち Δv_t とその累積値 $\Sigma_{i=88Q1}^{t}\Delta v_t$ を図 7-4 に示した。図の棒が Δv_t，折れ線が $\Sigma_{i=88Q1}^{t}\Delta v_t$ である。四半期の在庫投資 Δv_t は，プラスの場合，多い期には 25,000 台程度であり，マイナスの場合は 15,000 台を超える期もある。図 7-2 と図 7-3 でみたように，時折マイナスの在庫投資があるが，これがスランプにおける在庫調整である。特に 2009 年の世

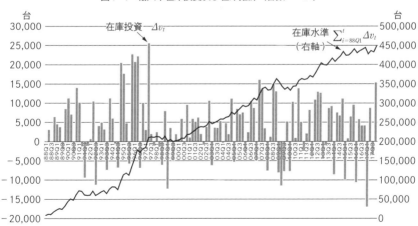

図 7-4　輸入車在庫投資及び在庫推計（台数ベース）

資料：財務省『貿易統計』及び日本自動車輸入組合『輸入車新規登録台数』より筆者推計・作図。

界経済危機の際には，3四半期連続で在庫減があった。3四半期連続の輸入在庫
減が起きたのは（本データセットの中では）1991 年だけである。また全体とし
て推計された在庫水準は増加傾向にある。直近の輸入在庫は少なくとも 44 万
8,488 台と推計される。すなわち

$$v_{17Q4} = v_{87Q4} + \sum_{i=88Q1}^{17Q4} \Delta v_i = v_{87Q4} + 448,488$$

である。さらに，この輸入在庫が 40 万台以上という推計結果から 2017 年の在
庫回転率（販売÷平均在庫水準）を試算すると，高々 0.75 であるということに
なる。

　本章の在庫に関する数値はあくまでも推計値である。よってバイアスがある
ことは避けられず，実際のところ，（後述する国産車在庫よりも多い）40 万台
を超える在庫というのは大きすぎるのではないかと思われる。

　過大に見える原因の一つは，輸入車には中古車なども含まれている点にあ
る。第 1 章で詳述したように，貿易統計上，輸出は 9 桁分類で新車・中古車・
KD の区別ができるが，輸入ではその区別ができない。輸入の中心は海外自動
車メーカーから直接輸入する正規輸入の新車であるが，輸入統計にはわずかだ
としても中古車も含まれる。また日本自動車輸入組合の輸入車販売統計も，新
車・中古車の区別にかかわらず，日本で初めてナンバーを取得した車両はすべ
て新規登録車として計上される。よって本推計値は海外から輸入された中古車
も含めた在庫，すなわち「輸入新中在庫」と解す必要がある。

　上記手法による在庫推計が過大になる理由としては，輸入されてもナンバー
を取得しない車両があることが考えられる。日本自動車輸入組合の統計では中
古車でも日本で初めてナンバーが取得されるものは新規登録として計上される
が，例えば博物館等での展示用に輸入されたためナンバーを取得していない車
両や，レーシングカー（第 1 章表 1-1 参照）など競技用で公道を走らないため
ナンバーを取得しない車両は輸入車販売として計上されない。このように輸入
されてもナンバーを取得しないままの車があるため，輸入と販売の差をもって
在庫投資とみる上記手法による推計は過大になり得るのであり，この点から本
推計値は輸入新中在庫の上限値と考えなければならないであろう。

　日本は今日世界の主要自動車生産国となり，第 5 章で分析した中古車輸出は

あるが，中古車輸入は一般的ではない。例えば経済産業省（2001，2002）の中古車販売に関する調査によれば，確かに中古車販売業者は中古車を輸入して仕入れる場合もあるものの，それは中古車調達の 0.21% から 0.50% とわずかである。しかしながら中古車市場は近年では 500〜600 万台（乗用車のみ，年間）もの規模があり，このうち 0.21% でも海外から中古車が調達されているのであるとすれば，年間 1 万台前後の中古車輸入があることになり，本章の在庫推計には無視しえない水準である。このデータを頼りに，輸入中古車台数を推計して，上記の在庫投資及び在庫水準を，中古車を含めない形で補正することを試みた。その結果を示したのが図7-5である。補正後の2017年末在庫水準は1987年末の在庫水準プラス 10 万台を割る。正確には

$$v_{17} = v_{87} + \sum_{i=88}^{17} \Delta v_i = v_{87} + 95{,}879$$

となる。補正後のこの推計値は，（販売統計は補正せずに）中古車輸入台数を推計してその台数を輸入台数から除いているので，「輸入新車在庫」の下限値と解釈される。ただしこの補正値は中古車輸入を推計して在庫投資及び在庫水準を推計した，「推計の推計」に過ぎない。

図7-5 輸入車在庫投資及び在庫推計（台数ベース，補正後）

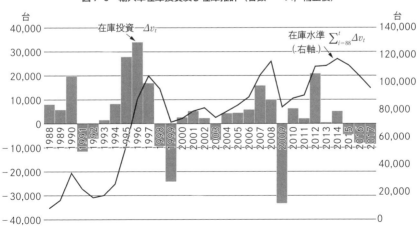

資料：財務省『貿易統計』，日本自動車輸入組合『輸入車新規登録台数』及び自販連『自動車登録統計情報』より筆者推計・作図。

　輸入と販売の車両分類の違いも在庫過大推計の要因となり得る。本章では輸入乗用車を対象に輸入在庫の推計を行ったが，各統計で乗用車・商用車の分類が異なっている可能性がある。輸入統計で乗用車に分類されていても，同じ車が販売統計では商用車に分類されている場合には，本章の推計手法では在庫が過大になる。そこで乗用車と商用車を合わせた自動車全体での輸入在庫を推計し，結果を補論7-1に示した。この修正で若干在庫水準は減るが，それでも（上記補正前には）40万台程度の在庫があるとの結果に変わりはなかった。（注：よりマイナーな在庫課題推計要因としては，例えば一般の商品であれば輸送途中の物理的ダメージなどがあり得る。そうした商品が輸入後に発見されて，販売されないケースもありうる。）

　水準の問題は別にして，在庫はなぜ増加傾向にあるのだろうか。まず輸入車市場の拡大に伴って在庫が増加するのは自然なことであると考えられる。日本では輸入車市場の拡大とともに輸入車ディーラー・販売店数も増加し続けている。例えば最大のインポーターであるフォルクスワーゲン・ジャパンの販売店数は1993年に100店舗を超えたところから1996年には200店舗を超え，現在250店舗ある。これほど販売店が増えれば，ショールームで展示したり，試乗に供したりするための車両もより多く必要になるであろう。また輸入車の車種数も増加している。車種毎に在庫が必要だとすれば，（他の事情にして等しければ）車種の増加はやはり在庫増につながるのではないかと考えられる。

7.4　国産車在庫との比較

　輸入車在庫を国産車在庫と比較してみる。図7-6は国内生産と国産車販売の対前年同期比変化率を図7-3と同じスケールで表示したものである。やはり2009年の世界経済危機時には販売変動を大きく超えた生産の変動がみられるが，輸入と輸入車販売の変動に比べると生産の変動率は国産車販売の変動率に比して穏やかである。（注：この後2011年に再度急激な変動が起きているが，これは東日本大震災の影響と考えられる。）図7-6のデータを用いて国内生産変動の国産車需要変動に対する弾性値を推計すると，0.77となり，同じ期間の輸入変動

図 7-6　国内生産と国産車販売の対前年同期変化率（台数ベース）

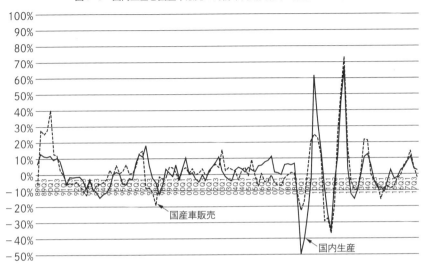

資料：自工会『自動車統計月報（各月版）』より筆者集計・作図。

図 7-7　国産車在庫の推移

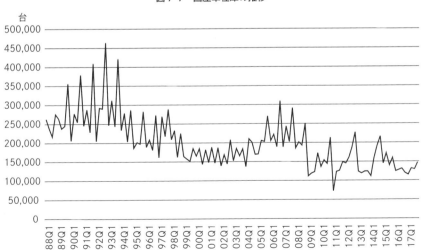

注：事業所（工場）在庫＋本社営業所在庫の合計（経済産業省調べ）。

資料：自工会『自動車統計月報（各月版）』より筆者作図。

の輸入車需要に対する弾性値（1.18）よりも小さい。

　図7-7は国産車の在庫台数の推移を示したものである。在庫水準は概ね10〜30万台程度であるが，輸入車と異なり，30年前よりも近年の水準は低下している。

第7章のまとめ

・輸入在庫の意味するところについて，学術的にも関心が高まっている。本章では貿易統計と輸入車販売統計から輸入と販売の差を在庫投資とみる方法によって，日本の輸入車在庫を推計し，その動態の分析を試みた。

・1990年代末の輸入中古車を含めた輸入在庫は少なくとも20万台とみられ，近年では40万台を超えていると推計される。直近のデータでは（1987年末の在庫プラス）44.8万台の新中輸入在庫があると推計される。この在庫水準は明らかな増加傾向にある。ただし，輸入されても登録されない（ナンバーを取得しない）ままの車もあることなどから，上限値とみなす必要がある。

・中古輸入車を除いた推計では，輸入新車在庫の下限値が（1987年末の在庫プラス）10万台足らずとなる。このように在庫水準に関しては大きな幅が出てしまう推計結果となった。

・在庫投資には変動がみられる。特に直近の世界経済危機に際しては，2009年第1四半期から第3四半期まで在庫投資が3四半期連続でマイナスと推計される。同様の3四半期連続の在庫減は1991年にしか起きていない。

・Alessandria et al.（2011）などの先行学術研究との関連では，日本の自動車輸入に関しても，販売に比べて輸入の変動率が大きく，やはり需要に比して貿易（輸入）変動が大きいことが確認された。

・日本のインポーターも，需要変動に際して輸入量をコントロールして，在庫調整（販売不振時には輸入削減・在庫減）を行っている様子が確認される。これは特に1991年，1999年及び2009年のデータにおいて顕著である。

・輸入変動の輸入車販売変動に対する弾力性が，国内生産変動の国産車需要変動に対する弾力性を上回っている。インポーターの方が大きな在庫調整を

行っているとみられ，それが相対的に大きな輸入変動につながっているのではないかと考えられる。

補論 7-1　乗用車・商用車合計での輸入在庫投資及び同水準の推計

　乗用車と商用車を合わせた自動車全体での輸入在庫投資とそれを積み上げた在庫水準を推計したものが付図7-1である。（図7-4同様，図の折れ線の在庫水準は在庫投資の累計値である。）

付図 7-1　自動車全体での輸入在庫投資及び同水準の推計

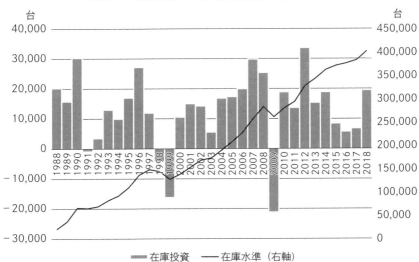

資料：財務省『貿易統計』及び日本自動車輸入組合『輸入車新規登録台数』より筆者推計・作図。

軽自動車問題と展望

本章のねらい

　軽自動車は大変な人気を博している。日本自動車販売協会連合会及び軽自動車については全国軽自動車協会連合会発表数値によると，2018年の日本の自動車新車販売527万1,987台のうち，軽四輪車新車販売総台数は192万4,124台であり，軽自動車が市場の36％超を占めた。自動車保有においても四輪車の4割近くが軽自動車となっている。一方，日本の軽自動車は基本的に輸出されておらず，外国の自動車メーカーが日本向けに軽自動車を供給することもない。（注：「スマート」というブランドがかつて販売していたモデルなど，これまで全くなかったわけではない。）すなわち軽自動車は貿易の対象となっておらず，日本向けに日本メーカーのみが生産・販売する車である。日本の軽自動車は，ガラパゴス携帯（ガラケー）ならぬ，ガラパゴス自動車と言えるかもしれない。

　「軽自動車」の規格は1949年にさかのぼることができるが，当時想定されていたのは今のような四輪車ではなく，二輪車であった。その後規格が拡大され，三輪自動車が軽自動車規格で生産されるようになった。軽規格では，例えば寸法や排気量などが決められているが，それがたびたび変更されてきた。特に1951年にエンジン排気量が4サイクルエンジンは360 cc，2サイクルは240 cc（後に360 cc）に拡大されたことで，軽自動車規格の中で四輪自動車生産の余地が生まれ，有名なスズキ・スズライト（1955年）やスバル360（1958年）などが登場した。軽自動車は，（奇妙な名称であるが）登録車と区別され，税制その他の取り扱いが異なり，維持費が低く抑えられており，たちまち四輪

の軽自動車が自動車市場に浸透していった。（注：軽自動車の規格を含めた歴史に関しては，例えば桂木洋二・GP企画センター（2008）を参照されたい。）

　軽自動車にはさまざまな問題もある。軽ばかりになると利幅が小さいなど業界としても問題になる。加えて国際貿易においては，軽自動車は「貿易されない」ことが問題視されることがある。その場合海外のメーカーや政府は日本の軽自動車という規格そのものを貿易障壁とみなす。

　本章が対象とするのは後者の軽自動車の通商問題としての側面である。軽自動車という独自の規格を設定して，結果的に自国企業のみが供給している状況に対して海外からの不満が消えない中，今後どのような対応を取り得るのだろうか。理論的検討によって展望する。

8.1　軽自動車の通商問題化

　海外とりわけアメリカ・EUの自動車業界は軽自動車制度を批判し続けており，通商交渉のたびに日本の軽が貿易障壁であると問題にされ，批判は収まる気配がない。貿易交渉では日本側がアメリカやEUの自動車輸入関税削減を要求すると，アメリカ・EUは日本の軽自動車規格の廃止や見直しを要求する。TPP（Trans-Pacific Partnership Agreement，環太平洋パートナーシップ協定）交渉において，アメリカの自動車業界は軽自動車制度の廃止や税率見直しを要求していたし，2019年1月に発効した日EU・EPA（Economic Partnership Agreement，経済連携協定）の交渉においても，最終的にEPAにおいて手が付けられることにはならなかったものの，EU側は軽自動車制度を問題にした。

　このように通商問題化しつつも，何とか外圧を跳ね返せているのは，軽自動車制度はGATT・WTOの大原則の一つである内国民待遇は満たしているからである。すなわち国による消費者の選好（preference）の違いは一般に存在するものであるし，国民の選好にあったものを造ること自体は，外国企業及び外国産品を差別しない限り問題ではない。海外メーカーも軽自動車を生産し，日本市場で販売することに何らの制度的制限もないのである。

　軽自動車規格に問題があるとすれば，それは第3章で詳述した自動車保護貿

易の真っただ中に始められたことではないだろうか。すなわち，日本は事実上
外国車を締め出して軽自動車規格を拡大させ，軽自動車が「四輪化」される中
で，多数の国内メーカーが自動車に参入した点である。海外メーカーは批判す
るならこの点を訴えるべきであろう。しかし時機を逸してしまっている。海外
メーカーはなぜ軽規格を批判するばかりで今日まで例外を除いて参入がないの
だろうか。

8.2　登録車と軽自動車の区別がある場合の自動車貿易モデル

8.2.1　モデルの仮定

　二つ産業，自動車産業（M産業）と農業などその他の産業を包含した産業
（A産業）がある。日本のM産業のみが二種類の自動車，すなわち登録車（T）
と軽自動車（K）を生産している。（現実にはダイハツのように，ほぼ軽自動車
専門のメーカーもあれば，軽自動車を生産していないメーカーもあるが，ここ
では両方を生産する典型的なメーカーを考えていることになる。）世界の人口
をL，そのうちの日本の人口の割合をjとする。
　消費者の効用関数は
$$U=A^{1-\alpha}M^\alpha \tag{8-1}$$
であるが，日本の消費者だけが
$$U_J=A^{1-\alpha}K^{\alpha k}T^{\alpha(1-k)} \tag{8-2}$$
であるとする。（以下，日本を表す変数にはJ，日本以外の海外の国々，すなわ
ち rest of the world を表す変数にはRを付す。）(8-2) は自動車支出を登録車
と軽自動車に分けて行っていることを表している。すなわち日本市場のみが
「ガラパゴス」化しており，日本の消費者のみが（道路事情等により）軽自動車
を購入するという国際間の選好の違いがあると仮定する。なお本モデルでは単
純化のため輸送費などの貿易コストは無視する。
　自動車生産に関しては，自動車メーカーには固定費としてF単位の労働が必
要で，登録車と軽自動車の生産1単位当たりそれぞれc_T，c_Kの労働を要する。
（ただし日本のメーカーは登録車と軽自動車の両方を生産するのでFが高く，

日本のメーカーの F を F_J, 海外メーカーの F を F_R とし, $F_J > F_R$ とする。また c_T は世界共通とする。）自動車産業ではこのように規模の経済性があり, 各社は製品差別化をして他社と競争する独占的競争の状況にあるものとする。

　A 産業は生産 1 単位当たり労働 1 単位を要する収穫一定の生産が行われ, 完全競争にあるものとする。

8.2.2　消費者行動

　上記の仮定から消費者行動を導出すると, 消費者は所得のうち α を自動車支出に向けるが, 日本の消費者のみがそのうち k を軽自動車支出に向ける。また, 登録車・軽自動車の代替の弾力性はいずれも σ であるとすると, 海外メーカー車への需要は

$$\alpha p_M^{-\sigma} G_R^{\sigma-1} Y_R + \alpha(1-k) p_M^{-\sigma} G_J^{\sigma-1} Y_J \tag{8-3}$$

となり, 日本の自動車メーカーの登録車への需要は

$$\alpha p_T^{-\sigma} G_R^{\sigma-1} Y_R + \alpha(1-k) p_T^{-\sigma} G_J^{\sigma-1} Y_J \tag{8-4}$$

となる。(8-3) と (8-4) の第一項はともに海外からの需要, 第二項はともに日本からの需要である。ここで p_M は海外メーカー車の価格, p_T は日本メーカーの登録車の価格, Y_R と Y_J はそれぞれ海外と日本の総所得である。また G_R と G_J はそれぞれ海外と日本における自動車（日本では登録車）の価格指数であるが, 海外と日本の自動車メーカー数（海外と日本の自動車のモデル数でもある）をそれぞれ n_R, n_J とすると, 貿易によって G_R と G_J は同じになるので, これらを単に G と記すこととする。すなわち

$$(G_R)^{\sigma-1} = (G_J)^{\sigma-1} = (n_R p_M^{1-\sigma} + n_J p_T^{1-\sigma})^{-1} \equiv G^{\sigma-1} \tag{8-5}$$

である。

　（日本のみで生産される）軽自動車への需要は

$$\alpha k p_K^{-\sigma} G_K^{\sigma-1} Y_J \tag{8-6}$$

となる。p_K は軽自動車の価格, G_K は軽自動車の価格指数であり, 軽自動車を供給する日本の企業数（すなわち, 軽自動車のモデル数）が n_J だから

$$(G_K)^{\sigma-1} = \frac{p_K^{\sigma-1}}{n_J} \tag{8-7}$$

である。

8.2.3 企業行動

　A財が国際間で自由に取引されることから，A財価格は国際間で一致し，その結果，賃金（w）も国際間で一致する。したがってA財をニュメレールとしてその価格を1とおくと，$w=1$ となる。よって $Y_J=jL$，$Y_R=(1-j)L$ である。

　典型的な海外自動車メーカーの販売台数を q_R とすると，その利潤は

$$\pi_R=p_M q_R-(F_R+c_T q_R) \tag{8-8}$$

となる。また典型的な日本の自動車メーカーの登録車，軽自動車それぞれの販売台数を q_T，q_K とすると，その利潤は

$$\pi_J=p_T q_T+p_K q_K-(F_J+c_T q_T+c_K q_K) \tag{8-9}$$

となる。いずれの企業も利潤最大化行動をとるとすると，登録車と軽自動車に関して各社の限界収入と限界費用が一致するよう価格設定を行う。すると

$$p_M=p_T=\frac{\sigma c_T}{\sigma-1},\quad p_K=\frac{\sigma c_K}{\sigma-1} \tag{8-10}$$

となる。

8.2.4 均衡

　自由参入の結果，長期的には利潤がゼロとなり，かつ各財市場及び労働市場において需給が一致している状態を均衡と考える。海外の自動車メーカーで利潤（π_R）がゼロになると，（8-8）及び（8-10）から

$$q_R=\frac{F_R(\sigma-1)}{c_T} \tag{8-11}$$

となり，これより海外各社の生産規模が決まる。日本のメーカーについては，（8-9）及び（8-10）から

$$\frac{c_T q_T+c_K q_K}{\sigma-1}=F_J \tag{8-12}$$

が成立しているはずである。

　また世界の労働需給均衡から

$$(F_J+c_T q_T+c_K q_K)n_J+(F_R+c_T q_R)n_R+(1-\alpha)L=L \tag{8-13}$$

が成立している。（8-13）の左辺は労働需要，右辺は労働供給（全世界の人口）であり，左辺の第一項は日本の自動車生産の労働需要，第二項は海外の自動車

生産の労働需要，第三項は世界全体の A 財生産の労働需要である。すると（8-12）と（8-13）より，均衡における世界全体の自動車メーカー数は

$$F_J \sigma n_J + F_R \sigma n_R = \alpha L \qquad (8\text{-}14)$$

を満たしているはずである。また海外メーカーの自動車需給均衡が成立していれば，（8-3），（8-5）及び（8-11）より

$$n_J + n_R = \frac{\alpha}{F_R \sigma}(1-kj)L \qquad (8\text{-}15)$$

である。よって（8-14）及び（8-15）より，均衡における日本の自動車メーカー数は

$$n_J = \frac{\alpha kjL}{\sigma(F_J - F_R)} \qquad (8\text{-}16)$$

となり，（8-15）と（8-16）より日本を除く世界の自動車メーカー数は

$$n_R = \frac{\alpha L}{\sigma}\left[\frac{1-kj}{F_R} - \frac{kj}{F_J - F_R}\right] \qquad (8\text{-}17)$$

と導出される。軽自動車を中心にみると，（8-16）と（8-17）は，軽自動車市場規模（αkjL）が拡大（縮小）すると日本の自動車メーカー数 n_J（すなわち日本メーカーにより供給される登録車と軽自動車それぞれのモデル数）が増加（減少），反対に海外の自動車メーカー数は減少（増加）する関係にあることを示している。

8.3　軽自動車問題の展望

8.3.1　海外メーカーの軽参入インセンティブ

　上記の状況下で，海外の自動車メーカーは日本の軽自動車市場にどのような期待を抱くだろうか。均衡における情報をもとに，海外メーカーは仮に日本の軽市場に参入した場合の想定利潤（$\widetilde{\pi_R}$）を計算することができる。$\widetilde{\pi_R}$ は実現益ではなく，仮説的な利潤（hypothetical profit）である。海外メーカーがこれから軽市場に参入するためには追加的固定費（f）を要し，海外メーカーの軽自動車生産の限界費用（c_K^*）は日本メーカーより高く，$c_K^* > c_K$ であるとし，想定

販売台数を $\widetilde{q_K^*}$ とすると

$$\widetilde{\pi_R}=p_Mq_R-(F_R+c_Tq_R)+p_K^*\widetilde{q_K^*}-(f+c_K^*\widetilde{q_K^*}) \tag{8-18}$$

となる。ここで

$$\widetilde{q_K^*}=\alpha k(p_K^*)^{-\sigma}G_K^{\sigma-1}jL \tag{8-19}$$

である。また（8-7）と（8-16）より

$$(G_K)^{\sigma-1}=\frac{p_K^{\sigma-1}}{n_J}=\frac{\sigma(F_J-F_R)p_K^{\sigma-1}}{\alpha kjL} \tag{8-20}$$

となっており，海外メーカーはこれを所与と見なす。

　海外メーカーは $\widetilde{\pi_R}>0$，すなわち $p_K^*\widetilde{q_K^*}-(f+c_K^*\widetilde{q_K^*})>0$ ならば日本の軽市場に参入する。（8-10），（8-18），（8-19）及び（8-20）より，海外メーカーの日本の軽市場参入条件は

$$F_J-F_R>\left(\frac{c_k^*}{c_K}\right)^{\sigma-1}f \tag{8-21}$$

である。よって軽参入コスト（f），あるいは海外メーカーの軽生産の相対限界費用（c_k^*/c_K）が十分低ければ，海外メーカーは日本の軽市場に参入する。

　日本は人口減少で市場縮小が見込まれるのに，それでも軽市場に参入するのだろうか。日本の人口減少（j の低下）は直接的には市場規模（jL）を低下させるので，（8-18）の想定利潤（$\widetilde{\pi_R}$）の低下要因である。一方，j の低下は，日本の自動車メーカー数の減少要因でもあり，これは（8-20）の軽自動車価格指数（G_K）を上昇させ，$\widetilde{\pi_R}$ の上昇要因となる。すなわち，本モデルにおける企業数の減少は，自動車メーカー数の減少であり，これは提供されるモデル数の減少を意味している。モデル数の減少は，軽自動車価格指数を上昇させ，他の事情にして等しければ，これは軽市場参入の想定利潤を上昇させるため，海外メーカーの参入インセンティブを高めるのである。厳密にみてみよう。（8-10），（8-19）及び（8-20）より

$$\widetilde{q_K^*}=(\sigma-1)(c_K^*)^{-\sigma}c_K^{\sigma-1}(F_J-F_R)$$

となっていて，ちょうど人口減による需要縮小効果と企業数減による価格指数上昇効果が打ち消し合う。すなわち

$$\frac{\partial\widetilde{q_K^*}}{\partial j}=0, \quad \frac{\partial\widetilde{\pi_R}}{\partial j}=0$$

であって，軽参入インセンティブは市場規模にかかわりなく残ることになる。

8.3.2　海外メーカーの軽市場参入後の均衡とその含意

　海外メーカーが軽自動車市場に参入したとすると長期的な姿はどのようなものになるだろうか。海外メーカーの軽自動車価格を p_K^*，生産台数を q_K^* とすると，海外メーカーの利潤は

$$\pi_R = p_M q_R + p_K^* q_K^* - (F_R + f + c_T q_M + c_K^* q_K^*) \tag{8-22}$$

となるが，自由参入は長期的に利潤をゼロにするので，$\pi_R = 0$ より，海外メーカーの生産規模は

$$\frac{c_T q_M + c_K^* q_K^*}{\sigma - 1} = F_R + f \tag{8-23}$$

となる。同様に日本のメーカーの利潤についても $\pi_J = 0$ により（8-12）が成立している。

　また世界の労働需給均衡から

$$(F_J + c_T q_T + c_K q_K) n_J + (F_R + f + c_T q_R + c_K^* q_K^*) n_R + (1-\alpha)L = L \tag{8-24}$$

である。（8-12），（8-23）及び（8-24）より世界全体のメーカー数は

$$F_J \sigma n_J + (F_R + f) \sigma n_R = \alpha L \tag{8-25}$$

を満たしている。

　図 8-1 は自動車メーカー数（すなわちモデル数）に焦点をあててここまでの結果を示したものである。横軸に海外のメーカー数 n_R，縦軸に日本のメーカー数 n_J がとられている。海外メーカーの軽自動車参入前（0 期）の均衡におけるメーカー数 (n_{R0}, n_{J0}) は，（8-14）と（8-15）の各式で表される直線の交点（黒丸）で示されている。海外メーカーの軽自動車参入前の軽自動車のモデル数は n_{J0} である。海外メーカーの軽自動車参入後（1 期）のメーカー数 (n_{R1}, n_{J1}) は，（8-25）より図の灰色の領域にあるはずである。

　引き続きメーカー数に着目すると，この灰色の領域では三つのパターンがある。一つは国内メーカー数（すなわち国内メーカーのモデル数）は増加して，海外のメーカー数は減少するパターンである。二つ目は国内・海外ともにメーカー数が減少するパターン，そして三つめは国内メーカー数は減少するが，海

図8-1　海外メーカーの軽自動車参入によるメーカー数（モデル数）の変化

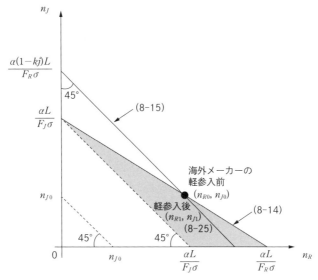

資料：筆者作成。

外メーカー数は増加するパターンである。ただし，いずれのパターンでも軽自動車のメーカー数（モデル数）は n_{J0} から $n_{R1}+n_{J1}$ に増加するため，日本の消費者の軽自動車の選択肢が増えること，すなわちメーカー数・モデル数が増えて商品の種類が増えること自体は経済厚生を高める要因となる。

　モデルを解くために軽自動車の需給均衡をもう一つの均衡条件として用いる。（8-12）と（8-23）より

$$c_K^* q_K^* - c_K q_K = (F_R + f - F_J)(\sigma - 1) \tag{8-26}$$

を得る。ここで日本製軽自動車への需要 q_K は（8-6）で与えられており，新たに発生する海外製軽自動車への需要は，その価格が p_K^* だから

$$\alpha k p_K^{*-\sigma} G_K^{\sigma-1} Y_J \tag{8-27}$$

であり，限界費用の差から $p_K = (c_K/c_K^*)p_K^*$ となっている。そして軽自動車の価格指数は

$$G_K^{\sigma-1} = \frac{(p_k^*)^{\sigma-1}}{n_J\left(\dfrac{c_K}{c_K^*}\right)^{1-\sigma}+n_R} \tag{8-28}$$

である。(8-6), (8-26), (8-27) 及び (8-28) より n_J と n_R の関係

$$n_J\left(\frac{c_K}{c_K^*}\right)^{1-\sigma}+n_R = \frac{\left[1-\left(\dfrac{c_K}{c_K^*}\right)^{1-\sigma}\right]}{(F_R+f-F_J)\sigma}\,\alpha kjL \tag{8-29}$$

を得る。(8-25) と (8-29) より均衡国内メーカー数及び海外メーカー数は

$$n_J = \left\{\frac{(F_R+f)\left[\left(\dfrac{c_K}{c_K^*}\right)^{1-\sigma}-1\right]kj-F_J+F_R+f}{(F_J-F_R-f)\left[(F_R+f)\left(\dfrac{c_K}{c_K^*}\right)^{1-\sigma}-F_J\right]}\right\}\frac{\alpha L}{\sigma} \tag{8-30}$$

$$n_R = \frac{\alpha L}{\sigma(F_R+f)} - \frac{F_J}{F_R+f}\left\{\frac{(F_R+f)\left[\left(\dfrac{c_K}{c_K^*}\right)^{1-\sigma}-1\right]kj-F_J+F_R+f}{(F_J-F_R-f)\left[(F_R+f)\left(\dfrac{c_K}{c_K^*}\right)^{1-\sigma}-F_J\right]}\right\}\frac{\alpha L}{\sigma}$$

$$\tag{8-31}$$

となる。

　表 8-1 はパラメーター値を設定してモデルを解き，上記三パターンの均衡解の数値例と，各パターンにおける（本モデルでの）日本の消費者の経済厚生評

表 8-1　均衡解の数値例

	c_K^*	f	n_J	n_R	$\dfrac{1}{G^{\alpha(1-k)}G_K^{\alpha k}}$
0 期	—	—	6.67	33.33	2.18
1 期 （パターン 1）	0.020	0.15	15.24	19.05	2.25
1 期 （パターン 2）	0.016	0.15	4.32	30.54	2.24
1 期 （パターン 3）	0.030	0.015	2.16	38.25	2.17

価を実質所得として示したものである。すべての計算に共通のパラメーター値を $\sigma=3$, $L=500$, $j=0.1$, $k=0.4$, $\alpha=0.2$, $F_J=1$, $F_R=0.8$, そして $c_K=0.01$ とした。その他のパラメーター c_K^*, f については表のとおりに変え，得られた国内メーカーと海外メーカーのモデル数の均衡解をそれぞれ n_J, n_R として示した。表の最後列は均衡解から算出される日本の消費者の実質所得（間接効用）である。

　パターン1・2はともに海外メーカーの軽自動車への参入によって，実質所得が参入前に比べて高まっていることが確認される。しかしパターン3では全体のモデル数は増加しても，海外メーカーの軽自動車があまりにも高価格なため，日本の消費者の実質所得はわずかながら減少してしまっている。（注：軽参入条件（8-21）が満たされているのはパターン3のみである。よって参入があったとしても海外メーカーの軽自動車は高価格で，すぐには経済厚生向上に至らない可能性がある。）

第8章のまとめ

・日本で言うところの登録車のみが世界で生産・貿易され，軽自動車は日本においてのみ生産・販売されるという状況をモデルにおける均衡として再現した。

・この均衡を出発点として，海外メーカーの軽自動車市場への参入インセンティブを分析した。特に参入がない理由を検討するために，想定利潤（hypothetical profit）分析を行った。

・分析においては海外メーカーが軽参入に要する追加的固定費（f）や軽生産の限界費用（c_K^*）が，現在の日本や海外メーカーに求められている固定費と比較して十分に低ければ，海外メーカーにとっての軽参入の想定利潤がプラスになるので，海外メーカーも日本の軽市場に参入するはずであると考えた。しかし，現状海外メーカーが参入していないということは，f や c_K^* が高いということであり，それゆえ参入できない状況が続くならば，今後も軽問題が通商問題として取り上げ続けられるであろう。

・今後の日本の人口減少は，一見，市場規模縮小を通じて海外メーカーの日本の軽市場への関心を低下させるように思える。実際本章のモデルでも日本の人口減少（jの低下）は海外メーカーの想定利潤低下に直結するため，参入インセンティブの低下要因である。しかし同時にjの低下は日本企業の軽自動車供給能力の低下でもあり，軽の車種が減少して消費者の選択肢が狭まる（モデルにおいては軽価格指数が上昇）ことを意味している。これが海外メーカーの想定利潤上昇要因となり，市場規模縮小効果を打ち消す。よって日本の人口減少下でも海外メーカーの軽参入インセンティブは維持されるのではないかと考えられる。

・通商交渉のたびに攻めと守りの応酬が繰り返され，日本は軽自動車問題で攻められる。この問題に対する建設的な議論は，海外からの軽参入をいかに促すかということではないだろうか。そのためには（制約はあろうが日本側で可能な範囲で）海外メーカーの日本の軽市場への参入を促すような施策が望まれ，これによって日本の消費者の経済厚生を高める余地がある上に，軽参入の実現によって今後の通商問題化を避けることもできるのではないだろうか。

第9章

日本の自動車産業における
メーカー間の異質性と貿易

本章のねらい

　同じようなものを生産している企業でも，規模の違いがあり，輸出を多くしている企業，あるいは輸出をあまりしていない企業があったりする。このような企業の異質性（firm heterogeneity）については，2000年代以降，Melitz（2003）らによって国際貿易の研究でも焦点が当てられるようになった。国際貿易で企業の異質性を研究する際の着眼点は，同一産業でも例えば生産性などが企業によって異なり，それが規模や輸出行動に違いをもたらしているという点である。各社が同じものを同じ技術によって完全競争下で生産していることを想定してしまうと，異質な企業が共存している実態はとらえ切れなくなる。

　自動車の場合はどうだろうか。80年代に一斉にアメリカ現地生産に踏み切るなど，全体としてひとつの傾向をみせることもある反面，第1章で触れたように日本の自動車メーカーは一様ではない。次節で述べるように生産性，企業規模，輸出，海外生産といった側面において相当な異質性がある。同じ国の中にあって，同種製品を生産しているメーカーがそれほどの違いを伴いながら共存している状況をどう整合的にとらえればよいのだろうか。

9.1　日本の自動車メーカー間の生産・輸出における異質性

　まず日本の自動車輸出が立ち上がってきた1960，70年代についてみていく。

表 9-1 自動車メーカー間の生産・輸出の異質性

	生産		輸出		生産格差	輸出格差
	トヨタ・日産 合計	その他8社合計 (67年以降7社)	トヨタ・日産 合計	その他8社合計 (67年以降7社)		
1963 年	642,062	687,522	77,817	18,044	3.74	17.25
1964 年	791,174	877,471	120,225	39,456	3.61	12.19
1965 年	837,174	1,007,915	148,575	46,198	3.32	12.86
1966 年	1,195,922	1,178,279	232,644	44,093	4.06	21.10
1967 年	1,671,337	1,649,787	320,659	78,376	3.55	14.32
1968 年	2,200,898	1,910,949	549,560	128,722	4.03	14.94
1969 年	2,733,853	2,035,952	717,073	163,542	4.70	15.35
1970 年	3,098,558	2,275,132	992,083	222,018	4.77	15.64
1971 年	3,666,223	2,145,905	1,502,280	409,491	5.98	12.84
1972 年	4,080,303	2,369,008	1,412,450	538,658	6.03	9.18
1973 年	4,236,251	2,652,080	1,469,484	687,491	5.59	7.48
1974 年	3,981,648	2,424,266	1,691,338	855,841	5.75	6.92
1975 年	4,489,943	2,553,812	1,932,403	1,034,023	6.15	6.54

資料：自工会『自動車統計月報』より筆者集計。

1963 年，トヨタと日産はそれぞれ年間 30 万台前後を生産，そのうちトヨタが 3 万台弱を輸出し，日産は 4 万台弱の輸出を記録した。その他のメーカーは規模が小さく，輸出も 1 万台に満たない状況であった。表 9-1 に詳細を示す。（以下，本章においては商用車専業メーカーは除くこととする。）トヨタ・日産と他メーカーの平均を比較すると，生産台数において前者は後者の 3.7 倍，輸出台数においては 17.3 倍である。このように自動車輸出の立ち上がり初期においては，生産規模以上に輸出において大きな格差があった。当然生産に占める輸出の割合（輸出比率）にも大きな格差が出る。トヨタ・日産合計の輸出比率はこの年 12.1%，他グループ合計の輸出比率は 2.6% であった。

これが 1968 年になるとトヨタ，日産は年間生産台数が 100 万台を超え，それぞれ数十万台ずつを輸出するようになる。他メーカーも生産規模，輸出ともに拡大したが，メーカー間格差は残った。生産台数においては，トヨタ・日産平均は他グループ平均の 4.0 倍，輸出台数では同 14.9 倍であった。（トヨタ・日産合計の輸出比率はこの年 25.0%，他グループ合計の輸出比率は 6.7% であった。）すなわち生産・輸出において 1963 年と同程度の格差がみられた。

1975 年にはトヨタ，日産の生産規模は 1968 年のおよそ 2 倍になる。両社と

図 9-1 日本の自動車メーカー別生産・輸出台数の推移

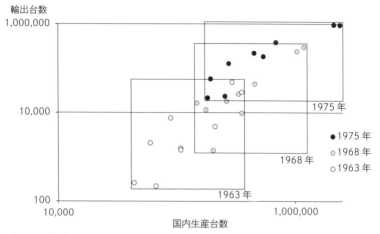

注：両対数軸。
資料：自工会『自動車統計月報』より筆者作図。

図 9-2a メーカー別輸出比率（1963–1976 年）

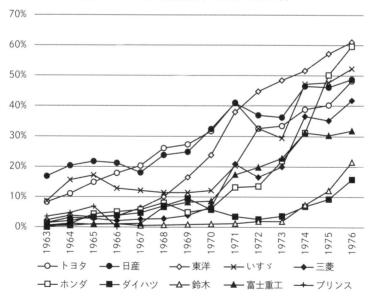

資料：自工会『自動車統計月報』より筆者集計・作図。

も年間生産は 200 万台を越え，輸出も 100 万台近くに達した。メーカー間格差は，生産台数においてはトヨタ・日産平均は他グループ平均の 6.2 倍，輸出台数では同 6.5 倍となって，輸出格差は縮まり，生産に対する輸出の比率はトヨタ・日産合計が 43.0％，他グループ合計の輸出比率は 40.5％となった。しかしこの頃になると生産規模の格差が拡大してきた。図 9–1 は各メーカーの生産・輸出台数を上述の 3 か年についてプロットしたものである。全体として生産規模と輸出を拡大，そして輸出比率（図 9–2a）を高めながらも，1970 年代に入ると，メーカー間規模格差が拡大していった様子が分かる。

　他方，貿易摩擦を経て，各メーカーの輸出比率（国内生産台数に占める輸出台数の割合）は頭打ちになり，海外生産が始まった後の，この 30 年間にはグローバル展開において格差が生じた。1990 年代には日本の自動車メーカー全体で海外生産台数が国内生産を上回り，大手はグローバル生産体制を構築していく。国内生産が伸びない中で，海外生産が増加していったため，グローバル生産体制を築いたメーカーにとって国内生産の位置づけは相対的に小さくなって

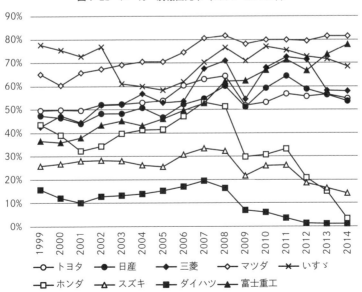

図 9-2b　メーカー別輸出比率（1999－2014 年）

資料：自工会『自動車統計月報』より筆者集計・作図。

表 9-2　日本の自動車メーカーのグローバル生産（2017 年）

	国内生産 (a)	海外生産 (b)	輸出 (c)	国内販売 (d)	世界生産 (a+b)	海外生産 比率 (b/(a+b))	輸出/ 世界生産 (c/e)
トヨタ	3,189,556	5,817,955	1,816,932	1,633,161	9,007,511	64.6%	20.2%
日産	1,019,972	4,749,305	627,385	590,905	5,769,277	82.3%	10.9%
ホンダ	817,500	4,419,305	81,061	724,791	5,236,805	84.4%	1.5%
スズキ	987,537	2,314,799	206,744	665,879	3,302,336	70.1%	6.3%
三菱	579,642	630,621	359,998	91,620	1,210,263	52.1%	29.7%
マツダ	971,455	636,147	793,173	209,660	1,607,602	39.6%	49.3%
ダイハツ	919,516	343,880	2	630,902	1,263,396	27.2%	0.0%
スバル	709,643	363,414	548,839	176,737	1,073,057	33.9%	51.1%
合計（全体）	9,194,821	19,275,426	4,434,134	4,723,655	28,470,247	67.7%	15.6%

資料：各社発表による。

いく。勢い，国内生産の一部としての輸出の位置づけも，一層小さなものにな
る。輸出比率を急減させるメーカーも出てきた。ホンダやスズキなどである
（図 9-2b）。

　現在，表 9-2 に示すようにグローバル生産台数が 1,000 万台に達しようとい
うトヨタと，マツダ，スバルなど同 100 万台強のメーカーが共存している。単
純比較で 10 倍近い差がある。マツダ，スバルは現在も世界生産に占める日本か
らの輸出台数が 50% 前後を占めており，かつての輸出型企業の体裁を残してい
るが，その他メーカーにおいては，日本からの輸出は各社の世界生産台数に比
較すると小さなものとなっている。すなわちグローバル・メーカーにとって日
本からの輸出は，各社の世界オペレーションのほんの一部に過ぎなくなってい
るのである。

9.2　生産性格差と生産・輸出の異質性のモデル

9.2.1　モデルの仮定と企業・消費者の行動

　本節では上述の日本の自動車メーカー間にみられるような異質性を説明する
モデルを検討する。初めに 1960〜70 年代の自動車メーカーの異質性を説明す
る，生産性の高いメーカーと低いメーカーの二分モデルを構築する。製品差別

化品を生産する M 産業に属する各メーカーは，固定費として F 単位の高スキル労働者が必要であり，生産量に応じて低スキル労働を雇用するものとする。そして次のようなメーカー間の生産性格差を導入する。高生産性メーカー（H 型メーカー）と低生産性メーカー（L 型メーカー）という 2 種類のメーカー群があり，H 型メーカーの限界費用を c_H，L 型メーカーの限界費用を c_L とし，$c_H < c_L$ とする。

　本国を J 国と呼び，第 8 章のモデルと同様，本モデルは J 国とその他世界（R で記す）が貿易をしている二国モデルである。なお単純化のためその他世界のメーカー間には生産性格差はなく，限界費用は一律 c_R であるとする。

　消費者に関しても第 8 章と同様とする。（ただし軽自動車は捨象する。）効用関数は

$$U = M^\mu A^{1-\mu} \tag{9-1}$$

で，M と A は，それぞれ製品差別化品とその他の財の量を表す。消費者は所得の一定割合 μ を M 財消費に向ける。製品差別化品である M 財の個々のメーカーへの需要は，H 型メーカーについては

$$\mu p_H^{-\sigma} G_J^{\sigma-1} Y_J + \mu p_H^{-\sigma} G_R^{\sigma-1} Y_R \tag{9-2}$$

L 型メーカーについては

$$\mu p_L^{-\sigma} G_J^{\sigma-1} Y_J + \mu p_L^{-\sigma} G_R^{\sigma-1} Y_R \tag{9-3}$$

となる。(9-2) と (9-3) の第 1 項は J 国からの需要，第 2 項はその他世界からの需要である。ここで σ は M 財間の代替の弾力性，p_H，p_L，p_R はそれぞれ H 型メーカー，L 型メーカー，その他世界のメーカーの製品価格である。G_J，G_R はそれぞれ J 国，その他世界の M 財の価格指数，Y_J，Y_R はそれぞれ J 国，その他世界の総所得である。

　各メーカーが利潤最大化のために設定する価格はそれぞれ

$$p_H = \frac{\sigma c_H}{\sigma-1}, \quad p_L = \frac{\sigma c_L}{\sigma-1}, \quad p_R = \frac{\sigma c_R}{\sigma-1} \tag{9-4}$$

となり，常に $p_H < p_L$ である。すなわち L 型メーカーの商品価格が H 型のそれよりも常に高くなる。

　A 財についても第 8 章同様とし，A 財生産は低スキル労働者によって完全競争下で収穫一定の生産技術により生産されるものとする。

9.2.2　均衡諸条件と均衡におけるメーカー間異質性

　各メーカーは高スキル労働を奪い合うので本モデルでは営業利潤（operating profit）が高スキル労働者への賃金支払いとなる。すなわちH型メーカーでは均衡において

$$\pi_H = p_H q_H - (F w_H + c_H q_H) = 0 \tag{9-5}$$

が成立している。H型メーカー群とL型メーカー群の間で高スキル労働の移動がない場合，（9-5）よりH型メーカーの高スキル労働の賃金は

$$w_H = \frac{c_H q_H}{F(\sigma-1)} \tag{9-6}$$

となる。同様にしてL型メーカーとその他世界の高スキル労働の賃金はそれぞれ

$$w_L = \frac{c_L q_L}{F(\sigma-1)}, \quad w_R = \frac{c_R q_R}{F(\sigma-1)} \tag{9-7}$$

となる。

　また n_H，n_L，n_R をそれぞれH型，L型，その他世界のM産業メーカー数，世界の総労働人口を L，そのうちの高スキル労働の割合を s，そして J 国の労働人口割合を j とすると，高スキル労働市場の需給均衡より J 国においては

$$(n_H + n_L)F = sjL \tag{9-8}$$

その他世界では

$$n_R F = s(1-j)L \tag{9-9}$$

が成立している。すなわちメーカー数は一定である。

　M財市場においても需給が均衡しているから，H型メーカーの製品については

$$q_H = \mu p_H^{-\sigma} G_J^{\sigma-1} Y_J + \mu p_H^{-\sigma} G_R^{\sigma-1} Y_R \tag{9-10}$$

L型メーカーの製品については

$$q_L = \mu p_L^{-\sigma} G_J^{\sigma-1} Y_J + \mu p_L^{-\sigma} G_R^{\sigma-1} Y_R \tag{9-11}$$

そしてその他世界のメーカーの製品については

$$q_R = \mu p_R^{-\sigma} G_J^{\sigma-1} Y_J + \mu p_R^{-\sigma} G_R^{\sigma-1} Y_R \tag{9-12}$$

が成立している。

　H型とL型メーカーの均衡における高スキル労働の賃金，すなわち（9-6）

と (9-7) 及び M 財市場の均衡式 (9-10) と (9-11) から

$$w_H^{-1} c_H p_H^{-\sigma} = w_L^{-1} c_L p_L^{-\sigma} \tag{9-13}$$

が成立しているはずである。これより H 型メーカーの高スキル労働の L 型メーカーの高スキル労働に対する相対賃金

$$\frac{w_H}{w_L} = \left(\frac{c_L}{c_H} \right)^{\sigma-1} > 1 \tag{9-14}$$

を得る。すなわち，もし本モデルのように生産性格差のある企業が製品差別化競争下で同種製品を生産して共存しているとすると，均衡において高生産性メーカーと低生産性メーカーの高スキル労働者間でこれだけの賃金格差が生じることになる。(9-5) に示されているように，この格差は営業利潤格差と考えることができる。

H 型メーカーと L 型メーカーの国内販売量でみた相対規模は，(9-10) と (9-11) の M 財市場均衡式から

$$\frac{q_H}{q_L} = \frac{p_H^{-\sigma}}{p_L^{-\sigma}} = \left(\frac{c_L}{c_H} \right)^{\sigma} \tag{9-15}$$

となり，H 型メーカーの相対生産性が高ければ高いほど，また σ（需要の価格弾力性と解釈できる）が高ければ高いほど，国内販売量でみた H 型の L 型に対する相対規模は大きくなる。

9.3　数値シミュレーション

伊藤・深尾 (2001) はさまざまな指標を用いて日本の自動車メーカーの生産性を分析し，上位 3 社とその他のメーカーの間には統計的に有意な生産性格差があることを示した。この研究によると，例えば 1981 年から 1986 年にシェアを伸ばした上位 3 メーカーの事業所は，一人当たり生産額が 8,472 万 2,800 円，その他メーカーの事業所では 6,068 万 200 円，そして賃金も上位メーカーが月平均 41 万 1,200 円に対し，その他メーカーでは 40 万 4,400 円であった。

伊藤・深尾 (2001) の上位企業とその他企業の生産性データから計算した高生産性メーカーの相対生産性 (c_L/c_H) は，期間によってやや異なるが，1981〜

86年については1.40，1986～91年については1.41，1991-96年は1.36である。これを後述の図9-3のグレーの背景の範囲で示した。メーカー間生産性格差がこれ位あるとすると，賃金や生産・輸出規模にはどの程度違いが生じるだろうか。数値シミュレーションを行うためには代替の弾力性 σ（M財需要の価格弾力性でもある）の値が必要であるが，σ はどの程度の値なのだろうか。Broda and Weinstein（2006）の推計によると，SITC 5桁分類（78100）の自動車（motor cars and other passenger cars）の場合，1972～1988年のデータでは $\sigma=2.29$，また1990～2001年のデータでは $\sigma=4.51$ である。

伊藤・深尾の生産性指標と Broda and Weinstein の $\sigma=2.29$ を用いると，図9-3に示すように本モデルから計算される H 型メーカーの高スキル労働の相対賃金は1.5程度になる。また H 型の L 型に対する相対規模は2倍強になる。なお $\sigma=4.51$ を用いた場合は，同じく図9-3に示すように同相対賃金は3倍，相対規模は4倍強とより大きくなる。この結果は生産性格差以上に賃金や規模の格差が大きくなること，すなわち生産性格差が，増幅されて賃金や規模の格差に反映されていくことを示している。

すでにみたように輸出が立ち上がった1960年代にはメーカー間生産規模以上に輸出規模の格差があった。貿易コストについてもメーカー間で格差がある

図9-3　メーカー間の異質性（数値例）

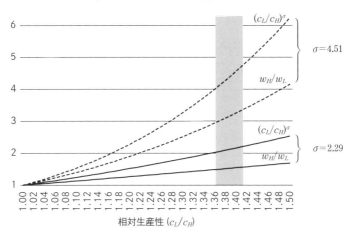

資料：筆者作成。

と仮定すればこれを説明することは可能である。例えばH型メーカーは生産性が相対的に高いのみでなく，輸出ビジネスにも相対的に長けており，L型メーカーは輸出においても余分な貿易コストがかかってしまうとする。具体的にはL型メーカーのみ海外市場での販売価格が国内価格の t（>1）倍になってしまうと仮定する。このとき均衡におけるH型メーカーの相対海外販売は，（9-10）と（9-11）のM財の需給均衡式の第2項から

$$\left(\frac{c_L t}{c_H}\right)^{\sigma} \tag{9-16}$$

となる。よって相対国内販売の結果と合わせて考えると，H型の方がL型メーカーよりも海外販売比率（海外販売÷国内海外の販売合計）が高くなる。なお，これに対応して高スキル労働の賃金格差は図9-3に示したものよりも大きくなる。

　本モデルにおいて，なぜコストの高い企業が生き残れるのだろうか。全く同じものを生産しているのであれば，高コスト企業は生き残れない。しかし，H型とL型が共存するのは，製品差別化モデルでは消費者が多様性（variety）を求めるので，価格が高い商品にも支出が向かうからである。パラメータ σ（>1）が低ければ低いほど多様性選好が強く，σ が大きいとその商品に関して多様性への選好は弱まり，価格が重視されるようになる。（9-14）より $\sigma>2$ である限り，生産性格差以上の賃金格差や規模・輸出格差が現出することになる。価格重視の製品ほどこの増幅幅は大きくなる。

　ここまでのところ，1970年代ごろまでの日本の自動車メーカー間でみられたような賃金や生産規模に関する企業間格差・異質性は，生産性格差を前提として，需要面では多様性の選好があり，供給面では二つの要素，すなわち，1）流動性の低い高スキル労働市場と，2）貿易コストの異質性を組み合わせることで説明した。これらの要素によって，均衡において異質なメーカーが併存する状況が説明可能である。

9.4　海外生産と異質性のモデル

　第4章で詳述したように1980年代以降になると，日本のメーカーは海外ビジネスのノウハウを蓄積して海外生産を始める。

　本節ではH型メーカーの分化を考える。国内での生産性が相対的に高いH型メーカーの一部は海外生産にも相対的に優れており，海外生産によって輸出よりも効率的に海外市場向け供給ができるとする。すなわちH型が海外でも生産性の高いH–H型と海外市場には輸出を行う従来型のHに分化したとする。H–H型企業の海外での限界費用を c_H^* とし，$c_H^*<c_H$ であるとする。1970年代以前のモデルとの比較を図9-4に示す。

　J国のH–H型メーカーが国内生産，輸出を海外現地生産に置き換えていく場合，H–H型メーカーの製品の海外市場での価格は

$$p_{HH}^* = \frac{\sigma c_H^*}{\sigma-1} \tag{9-17}$$

となって，H–H型メーカーの製品の需給均衡式は

$$q_{HH} = \mu p_H^{-\sigma} G_J^{\sigma-1} Y_J + \mu p_{HH}^{*-\sigma} G_R^{\sigma-1} Y_R \tag{9-18}$$

となる。従来型のH型メーカーの製品とL型メーカーの需給均衡式は，それぞれ（9-10）と（9-11）のままである。なお現地生産は，J国メーカーの生産がJ国からその他世界へ移るということであり，現地の低スキル労働を新たに雇

図9-4　H型，L型及びH–H型企業

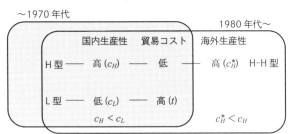

資料：筆者作成。

用することになるため，背後では J 国の A 産業が拡大，その他世界の A 産業
が縮小していることになる。

　これらの需給均衡式から H–H 型メーカーと H 型メーカーの総販売の違いは
海外販売分によるもので，H–H 型メーカーの H 型に対する相対海外販売は，
(9–18) と (9–10) の第 2 項を比較して

$$\left(\frac{c_H}{c_H^*}\right)^{\sigma}$$

である。同様にして H–H 型メーカーの L 型に対する相対海外販売は，(9–18)
と (9–11) の第 2 項を比較して

$$\left(\frac{c_L t}{c_H^*}\right)^{\sigma}$$

であり，

$$\left(\frac{c_L t}{c_H^*}\right)^{\sigma} > \left(\frac{c_H}{c_H^*}\right)^{\sigma} > 1$$

となっている。

　このように輸出を代替する海外現地生産が始まり，そこでも生産性格差があ
り，かつ前節の諸条件が成立していることを前提にすると，1980 年代以降は
メーカー間の異質性が一層拡大していくことを，モデルの均衡として示すこと
が可能である。またこれに対応して，背後では見えにくい異質性である賃金あ
るいは利益格差が拡大していることもモデルはとらえている。

第 9 章のまとめ

・生産規模や輸出行動における異質性をデータでみると，1960 年代の輸出立ち
　上げ期には大手メーカーの輸出は規模格差以上に大きかった。
・1970 年代に入ると各社の輸出比率は上昇し，規模格差と輸出格差の乖離は縮
　小した。しかし，規模格差はむしろ拡大した。
・貿易摩擦期には各社の輸出比率は頭打ちとなり，海外生産が始まると，輸出
　比率を大幅に下げ，輸出を現地生産で代替し，積極的に現地化するメーカー

も出てきた。

・この間，グローバル生産体制を築いて世界生産規模を大幅に拡大するメーカーもあれば，小規模・国内生産主体で輸出比率が高いメーカーも残った。

・本章では一般均衡モデルによって日本の自動車メーカーに見られるこうした異質性の説明を試みた。異質な企業が均衡において共存し得る重要な前提条件は，需要面では消費者が商品の多様性を求め，供給面ではメーカーが生産性格差のある中で製品差別化競争を行い，かつ特に本モデルにおいては各社の高スキル労働の流動性がないことである。

・先行諸研究のパラメータ値を借りて，異質性がモデルによって再現できるかを試みた。本モデルはメーカーを高生産性群と低生産性群の二種類にしか分けておらず，個々のメーカーの状況を説明するような厳密なカリブレーションは行っていないが，概ね実態に近い水準の異質性も再現可能である。

・他方，均衡において生産や輸出に大きなメーカー間格差があるということの背後では，メーカー間で高スキル労働の賃金格差，あるいは営業利潤水準にも相応の格差が存在していることになる。よって高スキル労働の流動性が低いという前提が少しでも崩れれば，異質な企業が共存する均衡は維持されなくなる。特に小規模メーカーは立ちいかなくなる。

・本章のモデルで考えると，近年進んだ自動車メーカー間の各種提携や資本関係の強化は，生産要素（本モデルでは高スキル労働）の流動性が高まった結果，生産要素へのリターンが小さい小規模メーカーの存立が危ぶまれる状況下での経営判断であると解釈できるのではないだろうか。

あとがき

　保護された国内市場で育ち始めた自動車産業は，1960年代に輸出産業化し，70年代に急成長，しかし1980年代には厳しい貿易摩擦を契機に海外生産も始まった。それでも日本からは国内で生産された新車の完成車に加え，中古車として年間100万台程度，そして現在は少なくなったもののノックダウンで数万台，毎年合計500万台以上もの自動車が輸出されている。

　本書ではこうした日本の自動車貿易展開の経緯，中古車やノックダウン輸出といった自動車特有の貿易形態，輸入在庫，軽自動車問題，そしてメーカー間の異質性などを経済学的なアプローチで分析することを試みた。

　分析には独占的競争モデルを多用した。完全競争のパラダイムでは「企業」がどのようなものかははっきりしないが，独占的競争モデルのメリットは企業規模や企業数といった産業の特徴を示すものが導出される点にある。これは規模の経済性や製品差別化，および消費者の多様性選好といった仮定によって可能となっている。こうした点は自動車産業の特徴を捉えるのに有効な一方，現実の自動車産業は企業数が少なく寡占的であり，独占的競争モデルが想定する企業像とぴったりとは合致しないという限界もある。

　加えてモデルの仮定ほど現在の自動車産業は単純ではなく，「自動車メーカー」と一口に言っても，資本関係が複雑化し，ブランドも多様化し，経済モデルで仮定する「企業」よりもずっと捉えどころのないものになっている。第9章では企業の異質性の観点から多様な企業が共存しながらグローバル展開していく状況の説明を試みたが，それでもこうした現在の自動車メーカー像には遠く及ばない。現実は筆者が本書で展開した分析の数十年先にある。

　それでも経済分析にメリットがあるとすれば，それは複雑な現実の中の一片の真実を捉えているという点にあるのではないだろうか。

　自動車産業は経営・技術の両面で大きな変革期にあると言われる。世界ではメキシコやトルコが新興自動車生産・輸出基地として台頭している。WTO

(2018) による「2017 年の自動車輸出トップ 10」ではトップの EU（28 か国）の 7,380 億ドルに次いで，日本が 1,500 億ドルで第 2 位に残っている。第 3 位がアメリカ（1,350 億ドル）であるが，第 4 位はメキシコ（1,090 億ドル）そしてトルコも 240 億ドル分の自動車輸出を記録して第 9 位に入っている。

　二輪メーカーは，小型の二輪車についてはタイ・インドネシアなどに生産移管して日本市場向けに逆輸入する体制に移っている。自動車では逆輸入はまだ限定的だが，二輪車のように日本市場向けにも海外生産・逆輸入が一般化する可能性もある。これは自動車の国内生産がどこまで維持されるのかという問題である。比較優位論に立ち戻ると，今後も自動車は日本の比較優位産業たり得るのかを問うことになる。これには電動化など自動車に求められる技術変化も絡んでくるだろう。

　今後自動車産業がどうなるか，多くの人々の関心があると思われる。しかし，本書の大部分は事実解明の試みであり，筆者の力量では自動車産業の今後を展望することはできなかった。時間の制限もあり，もう一歩踏み込んだ分析ができなかったところもある。例えば第 5 章の中古車輸出分析はより大きなデータセットでの分析も可能であろうし，他章のテーマももう一歩深耕できるところがあるだろう。また商用車については原則として触れていない。貿易が不活発という面もあるが，生産と消費の両面において商用車は乗用車とは異なる特性を有しており，別途分析が必要であると思う。加えて貿易の実務において重要な為替レートや，そのパス・スルーの問題など貿易の金融的側面についても扱うことができなかった。いずれも今後の研究課題としたい。

参考文献

浅妻裕・福田友子・外川健一・岡本勝規（2017）『自動車リユースとグローバル市場―中古車・中古部品の国際流通』成山堂書店。

石川城太・菊地徹・椋寛（2013）『国際経済学をつかむ（第2版）』有斐閣。

伊藤恵子・深尾京司（2001）「自動車産業の生産性：『工業統計調査』個票データによる実証分析」，RIETI Discussion Paper Series 01-J-002。

桂木洋二・GP企画センター（2008）『軽自動車　進化の半世紀』グランプリ出版。

経済産業省（2001，2002）『中古自動車販売業実態調査報告』。

経済評論社編『自動車産業（各年版）』経済評論社。

小林彰太郎（2011）『小林彰太郎の日本自動車社会史』講談社。

小峰隆夫（2004）『貿易の知識（第2版）』日本経済新聞社。

財務省『貿易統計』各年版。

通商産業省監修『自動車統計年報』各年版，自動車工業会・日本小型自動車工業会。

通商産業省重工業局自動車課編『日本の自動車工業』各年版，通商産業研究社。

中北徹（1996）『国際経済学入門』筑摩書房。

西村英俊・小林英夫編（2016）『ASEANの自動車産業』勁草書房。

日刊自動車新聞社・日本商工会議所『自動車年鑑』各年版。

日本自動車工業会『主要国自動車統計』各年版。

日本自動車工業会『自動車産業のあゆみ』各年版。

日本自動車工業会『自動車統計月報』各月版。

日本自動車工業会『日本自動車産業史』各年版。

日本自動車販売協会連合会『自動車登録統計情報』各月版。

日本自動車輸入組合『日本の輸入車市場』各年版。

日本自動車輸入組合『輸入車新規登録台数』各月版。

山澤逸平（1986）『国際経済学（第二版）』東洋経済新報社。

Alessandria, George, Joseph P. Kaboski, and Virgiliu Midrigan (2011), "US Trade and Inventory Dynamics", *American Economic Review*, 101, pp. 303–307.

Atsumi, Toshihiro (2018), *The foundation and applications of monopolistic competition*, Sankeisha.

Baldwin, Richard E., Rikard Forslid, Philippe Martin, Gianmarco I. P. Ottaviano, and Frederic Robert-Nicoud (2003), *Economic Geography and Public Policy*, Princeton, MA: Princeton University Press.

Berry, Steven, James Levinson, and Ariel Pakes (1999), "Voluntary export restraints on automobiles: evaluating a trade policy", *American Economic Review*, 89, pp. 400–430.

Broda, Christian and David E. Weinstein (2006), "Globalization and the gains from variety", *Quarterly Journal of Economics*, 121, pp. 541–585.

Dinopoulos, Elias, and Mordechai E. Kreinin (1988), "Effects of the U.S.-Japan auto VER on European Prices and U.S. welfare", *Review of Economics and Statistics*, 70, pp. 484–491.

Dixit, Avinash K., and Joseph E. Stiglitz (1977), "Monopolistic competition and optimum product diversity", *American Economic Review*, 67, pp. 297–308.

Dixit, Avinash K. (1988), "Optimal trade and industry policies for the U.S. automobile industry", in Robert C. Feenstra, ed., *Empirical methods for international trade*, Cambridge MA: MIT Press, pp. 141–165.

Feenstra, Robert C. (1984), "Voluntary export restraint in U.S. autos, 1980–81: quality, employment, and welfare effects", in Robert E. Baldwin and Anne O. Kruger, eds., *Structure and evolution of recent U.S. trade policy*, Chicago: University of Chicago Press, pp. 35–39.

Feenstra, Robert C. (1988), "Quality change under trade restraints: theory and evidence from Japanese Autos", *Quarterly Journal of Economics*, 101, pp. 131–146.

Feenstra, Robert C. (1992), "How costly is protectionism", *Journal of Economic Perspectives*, 6, pp. 159–178.

Goldberg, Pinelopi (1994), "Trade policies in the U.S. automobile industry", *Japan and the World Economy*, 6, pp. 891–952.

Grubel, Herbert. G., and P. J. Lloyd (1975), *Intra–industry trade: the theory and measurement of international trade in differentiated products*, Macmillan.

Grubel, Herbert G., and P. J. Lloyd (1975), *Intra–industry trade: the theory and measurement of international trade in differentiated products*, Macmillan.

Helpman, Elhanan, and Paul Krugman (1985), *Market structure and foreign trade*, Cambridge, MA: MIT Press.

Krugman, Paul (1991), "Increasing returns and economic geography", *Journal of Political Economy*, 99, pp. 483–499.

Krugman, Paul, Maurice Obstfeld, and Marc Melitz (2009), *International Economics –Theory and Policy*, 9th Ed.

Luzio, Eduardo and Shane Greenstein (1995), "Measuring the Performance of a Protected Infant Industry: The Case of Brazilian Microcomputers", *Review of Economics and Statistics*, 77, pp. 622–633.

Martin, Philippe, and Carol Ann Rogers (1995), "Industrial location and public infrastructure", *Journal of International Economics*, 39, pp. 335–351.

Melitz, Marc J. (2003), "The Impact of Trade on Intra–Industry Reallocations and Aggregate Industry Productivity", *Econometrica*, 71, pp. 1695–1725.

World Trade Organization (WTO) (2018), *World Trade Statistical Review 2018*.

謝辞

　本書は4，5年前に私自身で企画したものである。しかしここに至るまでに多くの諸先生・諸先輩方のご指導をいただいた。それなくして本書の出版はあり得なかった。初めて経済学的な観点から国際貿易を学ばせてくださったのは一橋大学の山澤逸平先生だった。山澤先生は Paul Krugman の *International Economics − Theory and Policy* という教科書でゼミを指導下さった。以前勤務した三菱総合研究所では自動車産業関連のさまざま仕事を担当する機会に恵まれ，自動車産業の知見を幅広く得ることができた。イギリスのノッティンガム大学で指導して下さった国際貿易理論の専門家である Rod Falvey 先生からは，経済モデルの面白さを教わり，経済モデルで物事を考える姿勢を学んだ。Falvey 先生の "You never know with a model" という言葉が忘れられない。一見自明に思えることでも，モデルを用いて厳密に考えてみると，新たな発見・気付きが得られることもあるという意味だと理解している。また本書を企画してからは，自動車工業会・自動車図書館に通い，貴重な歴史資料をたびたび閲覧させていただいた。本書を執筆する上での基礎となる研究を行うにあたっては，科学研究費補助金・新学術領域研究（課題番号 16H06551）の助成を受けた。出版にあたっては，2019 年度明治学院大学学術振興基金の補助金を受給した。ここに記してすべての方々に感謝したい。本書に誤りがあるとすれば，それはすべて筆者の責任である。末筆ながら自動車産業の発展のために尽力されたすべての方々に敬意を表したい。

索　　引

著者紹介

渥美利弘（あつみ・としひろ）

1993 年一橋大学経済学部卒。三菱総合研究所等に勤務後，渡英。ノッティンガム大学にて PhD 取得。同大リサーチ・フェローを経て，現在，明治学院大学 経済学部准教授。

自動車貿易の経済分析

2020 年 2 月 10 日　第 1 版第 1 刷発行　　　　　　　　　　　検印省略

著　者	渥　美　利　弘	
発行者	前　野　　　隆	

発行所　株式会社 **文　眞　堂**

東京都新宿区早稲田鶴巻町 533
電　話　03（3202）8480
FAX　03（3203）2638
http://www.bunshin-do.co.jp
郵便番号（162-0041）振替 00120-2-96437

印刷・美研プリンティング／製本・高地製本所
©2020　定価はカバー裏に表示してあります
ISBN978-4-8309-5063-6　C3033